U0214585

《袖珍木材材积表》编写组◎编

袖珍木材材积表

（第七版）

海峡出版发行集团 | 福建科学技术出版社
THE STRAITS PUBLISHING & DISTRIBUTING GROUP | FUJIAN SCIENCE & TECHNOLOGY PUBLISHING HOUSE

图书在版编目（CIP）数据

袖珍木材材积表 /《袖珍木材材积表》编写组编 . —7
版 . —福州：福建科学技术出版社，2015.10（2024.9 重印）
ISBN 978-7-5335-4857-5

Ⅰ.①袖… Ⅱ.①袖… Ⅲ.①木材－材积表
Ⅳ.①S758.62

中国版本图书馆 CIP 数据核字（2015）第 219716 号

书　　名	袖珍木材材积表（第七版）
编　　者	《袖珍木材材积表》编写组
出版发行	福建科学技术出版社
社　　址	福州市东水路 76 号（邮编 350001）
网　　址	www.fjstp.com
经　　销	福建新华发行（集团）有限责任公司
印　　刷	福州万紫千红印刷有限公司
开　　本	889 毫米×1194 毫米　1/64
印　　张	5
字　　数	195 千字
版　　次	2015 年 10 月第 7 版
印　　次	2024 年 9 月第 43 次印刷
书　　号	ISBN 978-7-5335-4857-5
定　　价	12.00 元

书中如有印装质量问题，可直接向本社调换

第七版前言

《袖珍木材材积表》自 1985 年出版以来，已经多次再版。现为第七版。

《袖珍木材材积表》第七版是在第六版的基础上，更新了"原木材积表"（GB/T 4814—2013）。

本书中的"原木材积表"采用了最新的国家标准，并增加了单厘米径级的木材材积，这是为满足林区和进口材计算材积而增加的非国家标准数据，是否采用这些数据，由供需双方商定，请读者予以注意。新标准不再另附"圆材材积表"，相应数据并入"原木材积表"。

本书中的"普通锯材材积表"因从篇幅和最常用的材长角度考虑，删去了材长较长的锯材的材积。

编 者

目　　录

原 木 材 积 表

本表是根据 GB/T 4814—2013 编制的，用于查定所有树种的原木材积。

检尺径为 2～120 厘米、检尺长 0.5～1.9 米的短原木材积按下式计算：

$$V = 0.8L(D + 0.5L)^2 \div 10\,000$$

检尺径为 4～13 厘米、检尺长 2.0～10.0 米的小径原木材积按下式计算：

$$V = 0.785\,4L(D + 0.45L + 0.2)^2 \div 10\,000$$

检尺径 14～120 厘米、检尺长 2.0～10.0 米的原木材积按下式计算：

$$V = 0.785\,4L[D + 0.5L + 0.005L^2 + 0.000\,125L(14 - L)^2(D - 10)]^2 \div 10\,000$$

检尺径 11～120 厘米、检尺长 10.2 米以上的超长原木材积按下式计算：

$$V = 0.8L(D + 0.5L)^2 \div 10\,000$$

以上式中：V——材积，m^3；

　　　　　L——检尺长，m；

　　　　　D——检尺径，cm。

本表在 GB/T 4814—2013 的基础上，增加了部分单厘米径级的材积，以满足林区和进口材计算材积的需要，因属非国家标准数据，是否采用这些数据，由供需双方商定。

原 木 材 积 表

材积/m³ 检尺长/m 检尺径/cm	0.5	0.6	0.7	0.8	0.9	1.0	1.1	1.2
2	0.0002	0.0003	0.0003	0.0004	0.0004	0.0005	0.0006	0.0006
3	0.0004	0.0005	0.0006	0.0007	0.0009	0.0010	0.0011	0.0012
4	0.0007	0.0009	0.0011	0.0012	0.0014	0.0016	0.0018	0.0020
5	0.0011	0.0013	0.0016	0.0019	0.0021	0.0024	0.0027	0.0030
6	0.0016	0.0019	0.0023	0.0026	0.0030	0.0034	0.0038	0.0042
7	0.0021	0.0026	0.0030	0.0035	0.0040	0.0045	0.0050	0.0055
8	0.003	0.003	0.004	0.005	0.005	0.006	0.006	0.007
9	0.003	0.004	0.005	0.006	0.006	0.007	0.008	0.009
10	0.004	0.005	0.006	0.007	0.008	0.009	0.010	0.011
11	0.005	0.006	0.007	0.008	0.009	0.011	0.012	0.013
12	0.006	0.007	0.009	0.010	0.011	0.013	0.014	0.015
13	0.007	0.008	0.010	0.011	0.013	0.015	0.016	0.018
14	0.008	0.010	0.012	0.013	0.015	0.017	0.019	0.020
15	0.009	0.011	0.013	0.015	0.017	0.019	0.021	0.023

原 木 材 积 表

材积/m³ \ 检尺长/m \ 检尺径/cm	0.5	0.6	0.7	0.8	0.9	1.0	1.1	1.2
16	0.011	0.013	0.015	0.017	0.019	0.022	0.024	0.026
17	0.012	0.014	0.017	0.019	0.022	0.025	0.027	0.030
18	0.013	0.016	0.019	0.022	0.025	0.027	0.030	0.033
19	0.015	0.018	0.021	0.024	0.027	0.030	0.034	0.037
20	0.016	0.020	0.023	0.027	0.030	0.034	0.037	0.041
21	0.018	0.022	0.026	0.029	0.033	0.037	0.041	0.045
22	0.020	0.024	0.028	0.032	0.036	0.041	0.045	0.049
23	0.022	0.026	0.031	0.035	0.040	0.044	0.049	0.053
24	0.024	0.028	0.033	0.038	0.043	0.048	0.053	0.058
25	0.026	0.031	0.036	0.041	0.047	0.052	0.057	0.063
26	0.028	0.033	0.039	0.045	0.050	0.056	0.062	0.068
27	0.030	0.036	0.042	0.048	0.054	0.061	0.067	0.073
28	0.032	0.038	0.045	0.052	0.058	0.065	0.072	0.079
29	0.034	0.041	0.048	0.055	0.062	0.070	0.077	0.084
30	0.037	0.044	0.052	0.059	0.067	0.074	0.082	0.090

材积 /m³ 检尺长/m 检尺径 /cm	0.5	0.6	0.7	0.8	0.9	1.0	1.1	1.2
31	0.039	0.047	0.055	0.063	0.071	0.079	0.088	0.096
32	0.042	0.050	0.059	0.067	0.076	0.085	0.093	0.102
33	0.044	0.053	0.062	0.071	0.081	0.090	0.099	0.108
34	0.047	0.056	0.066	0.076	0.085	0.095	0.105	0.115
35	0.050	0.060	0.070	0.080	0.090	0.101	0.111	0.122
36	0.053	0.063	0.074	0.085	0.096	0.107	0.118	0.129
37	0.056	0.067	0.078	0.090	0.101	0.113	0.124	0.136
38	0.059	0.070	0.082	0.094	0.106	0.119	0.131	0.143
39	0.062	0.074	0.087	0.099	0.112	0.125	0.138	0.151
40	0.065	0.078	0.091	0.104	0.118	0.131	0.145	0.158
41	0.068	0.082	0.096	0.110	0.124	0.138	0.152	0.166
42	0.071	0.086	0.100	0.115	0.130	0.145	0.159	0.174
43	0.075	0.090	0.105	0.121	0.136	0.151	0.167	0.182
44	0.078	0.094	0.110	0.126	0.142	0.158	0.175	0.191
45	0.082	0.099	0.115	0.132	0.149	0.166	0.183	0.200

原 木 材 积 表

材积 /m³　检尺长/m 检尺径/cm	0.5	0.6	0.7	0.8	0.9	1.0	1.1	1.2
46	0.086	0.103	0.120	0.138	0.155	0.173	0.191	0.208
47	0.089	0.107	0.126	0.144	0.162	0.181	0.199	0.218
48	0.093	0.112	0.131	0.150	0.169	0.188	0.207	0.227
49	0.097	0.117	0.136	0.156	0.176	0.196	0.216	0.236
50	0.101	0.121	0.142	0.163	0.183	0.204	0.225	0.246
51	0.105	0.126	0.148	0.169	0.191	0.212	0.234	0.256
52	0.109	0.131	0.153	0.176	0.198	0.221	0.243	0.266
53	0.113	0.136	0.159	0.182	0.206	0.229	0.252	0.276
54	0.118	0.142	0.165	0.189	0.213	0.238	0.262	0.286
55	0.122	0.147	0.172	0.196	0.221	0.246	0.272	0.297
56	0.127	0.152	0.178	0.204	0.229	0.255	0.281	0.308
57	0.131	0.158	0.184	0.211	0.238	0.265	0.291	0.319
58	0.136	0.163	0.191	0.218	0.246	0.274	0.302	0.330
59	0.140	0.169	0.197	0.226	0.254	0.283	0.312	0.341
60	0.145	0.175	0.204	0.233	0.263	0.293	0.323	0.353

原 木 材 积 表

材积/m³ 检尺长/m 检尺径/cm	0.5	0.6	0.7	0.8	0.9	1.0	1.1	1.2
61	0.150	0.180	0.211	0.241	0.272	0.303	0.333	0.364
62	0.155	0.186	0.218	0.249	0.281	0.313	0.344	0.376
63	0.160	0.192	0.225	0.257	0.290	0.323	0.355	0.388
64	0.165	0.198	0.232	0.265	0.299	0.333	0.367	0.401
65	0.170	0.205	0.239	0.274	0.308	0.343	0.378	0.413
66	0.176	0.211	0.247	0.282	0.318	0.354	0.390	0.426
67	0.181	0.217	0.254	0.291	0.328	0.365	0.402	0.439
68	0.186	0.224	0.262	0.299	0.337	0.375	0.414	0.452
69	0.192	0.231	0.269	0.308	0.347	0.386	0.426	0.465
70	0.197	0.237	0.277	0.317	0.357	0.398	0.438	0.478
71	0.203	0.244	0.285	0.326	0.368	0.409	0.451	0.492
72	0.209	0.251	0.293	0.335	0.378	0.421	0.463	0.506
73	0.215	0.258	0.301	0.345	0.388	0.432	0.476	0.520
74	0.221	0.265	0.310	0.354	0.399	0.444	0.489	0.534
75	0.227	0.272	0.318	0.364	0.410	0.456	0.502	0.549

材积/m³　检尺长/m　检尺径/cm	0.5	0.6	0.7	0.8	0.9	1.0	1.1	1.2
76	0.233	0.279	0.326	0.374	0.421	0.468	0.516	0.563
77	0.239	0.287	0.335	0.383	0.432	0.481	0.529	0.578
78	0.245	0.294	0.344	0.393	0.443	0.493	0.543	0.593
79	0.251	0.302	0.353	0.403	0.454	0.506	0.557	0.608
80	0.258	0.310	0.362	0.414	0.466	0.518	0.571	0.624
81	0.264	0.317	0.371	0.424	0.478	0.532	0.585	0.639
82	0.271	0.325	0.380	0.435	0.489	0.545	0.600	0.655
83	0.277	0.333	0.389	0.445	0.501	0.558	0.614	0.671
84	0.284	0.341	0.398	0.456	0.513	0.571	0.629	0.687
85	0.291	0.349	0.408	0.467	0.526	0.585	0.644	0.703
86	0.298	0.357	0.418	0.478	0.538	0.599	0.659	0.720
87	0.305	0.366	0.427	0.489	0.551	0.613	0.675	0.737
88	0.312	0.374	0.437	0.500	0.563	0.627	0.690	0.754
89	0.319	0.383	0.447	0.512	0.576	0.641	0.706	0.771
90	0.326	0.391	0.457	0.523	0.589	0.655	0.722	0.788

材积/m³ \ 检尺长/m 检尺径/cm	0.5	0.6	0.7	0.8	0.9	1.0	1.1	1.2
91	0.333	0.400	0.467	0.535	0.602	0.670	0.738	0.805
92	0.340	0.409	0.478	0.546	0.615	0.685	0.754	0.823
93	0.348	0.418	0.488	0.558	0.629	0.700	0.770	0.841
94	0.355	0.427	0.499	0.570	0.642	0.714	0.787	0.859
95	0.363	0.436	0.509	0.582	0.656	0.730	0.803	0.877
96	0.371	0.445	0.520	0.595	0.670	0.745	0.820	0.896
97	0.378	0.454	0.531	0.607	0.684	0.761	0.837	0.914
98	0.386	0.464	0.542	0.620	0.698	0.776	0.855	0.933
99	0.394	0.473	0.553	0.632	0.712	0.792	0.872	0.952
100	0.402	0.483	0.564	0.645	0.726	0.808	0.890	0.972
101	0.410	0.493	0.575	0.658	0.741	0.825	0.907	0.991
102	0.418	0.502	0.587	0.671	0.756	0.841	0.925	1.011
103	0.426	0.512	0.598	0.684	0.771	0.857	0.944	1.030
104	0.435	0.522	0.610	0.698	0.786	0.874	0.962	1.050
105	0.443	0.532	0.622	0.711	0.801	0.891	0.980	1.071

材积/m³ 检尺长/m 检尺径/cm	0.5	0.6	0.7	0.8	0.9	1.0	1.1	1.2
106	0.452	0.542	0.633	0.725	0.816	0.907	0.999	1.091
107	0.460	0.553	0.645	0.738	0.831	0.925	1.018	1.111
108	0.469	0.563	0.657	0.752	0.847	0.942	1.037	1.132
109	0.477	0.573	0.670	0.766	0.863	0.960	1.056	1.153
110	0.486	0.584	0.682	0.780	0.878	0.977	1.075	1.174
111	0.495	0.595	0.694	0.794	0.894	0.995	1.095	1.196
112	0.504	0.605	0.707	0.809	0.910	1.013	1.115	1.217
113	0.513	0.616	0.720	0.823	0.927	1.031	1.135	1.239
114	0.522	0.627	0.732	0.838	0.943	1.049	1.155	1.261
115	0.531	0.638	0.745	0.852	0.960	1.068	1.175	1.283
116	0.541	0.649	0.758	0.867	0.976	1.086	1.195	1.305
117	0.550	0.660	0.771	0.882	0.993	1.105	1.216	1.328
118	0.559	0.672	0.784	0.897	1.010	1.123	1.237	1.350
119	0.569	0.683	0.798	0.912	1.027	1.142	1.258	1.373
120	0.578	0.695	0.811	0.928	1.045	1.162	1.279	1.396

材积/m³ 检尺长/m 检尺径/cm	1.3	1.4	1.5	1.6	1.7	1.8	1.9
2	0.0007	0.0008	0.0009	0.0010	0.0011	0.0012	0.0013
3	0.0014	0.0015	0.0017	0.0018	0.0020	0.0022	0.0024
4	0.0022	0.0025	0.0027	0.0029	0.0032	0.0035	0.0037
5	0.0033	0.0036	0.0040	0.0043	0.0047	0.0050	0.0054
6	0.0046	0.0050	0.0055	0.0059	0.0064	0.0069	0.0073
7	0.0061	0.0066	0.0072	0.0078	0.0084	0.0090	0.0096
8	0.008	0.008	0.009	0.010	0.011	0.011	0.012
9	0.010	0.011	0.011	0.012	0.013	0.014	0.015
10	0.012	0.013	0.014	0.015	0.016	0.017	0.018
11	0.014	0.015	0.017	0.018	0.019	0.020	0.022
12	0.017	0.018	0.020	0.021	0.022	0.024	0.025
13	0.019	0.021	0.023	0.024	0.026	0.028	0.030
14	0.022	0.024	0.026	0.028	0.030	0.032	0.034
15	0.025	0.028	0.030	0.032	0.034	0.036	0.039

原 木 材 积 表

材积 /m³ 检尺径 /cm	1.3	1.4	1.5	1.6	1.7	1.8	1.9
16	0.029	0.031	0.034	0.036	0.039	0.041	0.044
17	0.032	0.035	0.038	0.041	0.043	0.046	0.050
18	0.036	0.039	0.042	0.045	0.048	0.051	0.055
19	0.040	0.043	0.047	0.050	0.054	0.057	0.060
20	0.044	0.048	0.052	0.055	0.059	0.063	0.067
21	0.049	0.053	0.057	0.061	0.065	0.069	0.073
22	0.053	0.058	0.062	0.067	0.071	0.076	0.080
23	0.058	0.063	0.068	0.073	0.077	0.082	0.087
24	0.063	0.068	0.074	0.079	0.084	0.089	0.095
25	0.068	0.074	0.080	0.085	0.091	0.097	0.102
26	0.074	0.080	0.086	0.092	0.098	0.104	0.110
27	0.080	0.086	0.092	0.099	0.105	0.112	0.119
28	0.085	0.092	0.099	0.106	0.113	0.120	0.127
29	0.091	0.099	0.106	0.114	0.121	0.129	0.136
30	0.098	0.106	0.113	0.121	0.129	0.137	0.146

原 木 材 积 表

材积/m³ 检尺长/m 检尺径/cm	1.3	1.4	1.5	1.6	1.7	1.8	1.9
31	0.104	0.113	0.121	0.129	0.138	0.147	0.155
32	0.111	0.120	0.129	0.138	0.147	0.156	0.165
33	0.118	0.127	0.137	0.146	0.156	0.165	0.175
34	0.125	0.135	0.145	0.155	0.165	0.175	0.186
35	0.132	0.143	0.153	0.164	0.175	0.186	0.196
36	0.140	0.151	0.162	0.173	0.185	0.196	0.208
37	0.147	0.159	0.171	0.183	0.195	0.207	0.219
38	0.155	0.168	0.180	0.193	0.205	0.218	0.231
39	0.164	0.177	0.190	0.203	0.216	0.229	0.243
40	0.172	0.186	0.199	0.213	0.227	0.241	0.255
41	0.180	0.195	0.209	0.224	0.238	0.253	0.267
42	0.189	0.204	0.219	0.234	0.250	0.265	0.280
43	0.198	0.214	0.230	0.246	0.262	0.278	0.294
44	0.207	0.224	0.240	0.257	0.274	0.290	0.307
45	0.217	0.234	0.251	0.268	0.286	0.303	0.321

材积 /m³ \ 检尺长/m	1.3	1.4	1.5	1.6	1.7	1.8	1.9
检尺径/cm							
46	0.226	0.244	0.262	0.280	0.299	0.317	0.335
47	0.236	0.255	0.274	0.292	0.311	0.330	0.349
48	0.246	0.266	0.285	0.305	0.325	0.344	0.364
49	0.256	0.277	0.297	0.317	0.338	0.359	0.379
50	0.267	0.288	0.309	0.330	0.352	0.373	0.395
51	0.277	0.299	0.321	0.343	0.366	0.388	0.410
52	0.288	0.311	0.334	0.357	0.380	0.403	0.426
53	0.299	0.323	0.347	0.370	0.394	0.418	0.442
54	0.311	0.335	0.360	0.384	0.409	0.434	0.459
55	0.322	0.347	0.373	0.399	0.424	0.450	0.476
56	0.334	0.360	0.386	0.413	0.440	0.466	0.493
57	0.346	0.373	0.400	0.428	0.455	0.483	0.510
58	0.358	0.386	0.414	0.443	0.471	0.500	0.528
59	0.370	0.399	0.428	0.458	0.487	0.517	0.546
60	0.383	0.413	0.443	0.473	0.504	0.534	0.565

材积/m³ 检尺径/cm ＼ 检尺长/m	1.3	1.4	1.5	1.6	1.7	1.8	1.9
61	0.395	0.426	0.458	0.489	0.520	0.552	0.583
62	0.408	0.440	0.473	0.505	0.537	0.570	0.602
63	0.421	0.454	0.488	0.521	0.554	0.588	0.622
64	0.435	0.469	0.503	0.537	0.572	0.607	0.641
65	0.448	0.483	0.519	0.554	0.590	0.625	0.661
66	0.462	0.498	0.535	0.571	0.608	0.644	0.681
67	0.476	0.513	0.551	0.588	0.626	0.664	0.702
68	0.490	0.529	0.567	0.606	0.645	0.684	0.721
69	0.505	0.544	0.584	0.624	0.664	0.704	0.744
70	0.519	0.560	0.601	0.642	0.683	0.724	0.765
71	0.534	0.576	0.618	0.660	0.702	0.744	0.787
72	0.549	0.592	0.635	0.678	0.722	0.765	0.809
73	0.564	0.608	0.653	0.697	0.742	0.786	0.831
74	0.580	0.625	0.671	0.716	0.762	0.808	0.854
75	0.595	0.642	0.689	0.735	0.782	0.830	0.877

检尺径/cm ＼ 材积/m³ 检尺长/m	1.3	1.4	1.5	1.6	1.7	1.8	1.9
76	0.611	0.659	0.707	0.755	0.803	0.852	0.900
77	0.627	0.676	0.725	0.775	0.824	0.874	0.924
78	0.643	0.694	0.744	0.795	0.846	0.896	0.947
79	0.660	0.711	0.763	0.815	0.867	0.919	0.972
80	0.676	0.729	0.782	0.836	0.889	0.942	0.996
81	0.693	0.748	0.802	0.856	0.911	0.966	1.021
82	0.710	0.766	0.822	0.878	0.934	0.990	1.046
83	0.728	0.785	0.842	0.899	0.956	1.014	1.071
84	0.745	0.803	0.862	0.920	0.979	1.038	1.097
85	0.763	0.823	0.882	0.942	1.002	1.063	1.123
86	0.781	0.842	0.903	0.964	1.026	1.087	1.149
87	0.799	0.861	0.924	0.987	1.050	1.113	1.176
88	0.817	0.881	0.945	1.009	1.074	1.138	1.203
89	0.836	0.901	0.967	1.032	1.098	1.164	1.230
90	0.855	0.921	0.988	1.055	1.123	1.190	1.257

材积/m³ 检尺长/m 检尺径/cm	1.3	1.4	1.5	1.6	1.7	1.8	1.9
91	0.874	0.942	1.010	1.079	1.147	1.216	1.285
92	0.893	0.962	1.049	1.102	1.172	1.243	1.313
93	0.912	0.983	1.055	1.126	1.198	1.270	1.342
94	0.932	1.004	1.077	1.150	1.224	1.297	1.370
95	0.951	1.026	1.100	1.175	1.249	1.324	1.399
96	0.971	1.047	1.123	1.199	1.276	1.352	1.429
97	0.992	1.069	1.147	1.224	1.302	1.380	1.458
98	1.012	1.091	1.170	1.249	1.329	1.408	1.488
99	1.033	1.113	1.194	1.275	1.356	1.437	1.518
100	1.054	1.136	1.218	1.301	1.383	1.466	1.549
101	1.075	1.158	1.242	1.326	1.411	1.495	1.580
102	1.096	1.181	1.267	1.353	1.439	1.525	1.611
103	1.117	1.204	1.292	1.379	1.467	1.555	1.642
104	1.139	1.228	1.317	1.406	1.495	1.585	1.674
105	1.161	1.251	1.342	1.433	1.524	1.615	1.706

材积 /m³ 检尺长 /m 检尺径 /cm	1.3	1.4	1.5	1.6	1.7	1.8	1.9
106	1.183	1.275	1.367	1.460	1.553	1.646	1.739
107	1.205	1.299	1.393	1.487	1.582	1.677	1.771
108	1.228	1.323	1.419	1.515	1.611	1.708	1.804
109	1.250	1.348	1.445	1.543	1.641	1.739	1.838
110	1.273	1.373	1.472	1.571	1.671	1.771	1.871
111	1.296	1.397	1.499	1.600	1.701	1.803	1.905
112	1.320	1.423	1.526	1.629	1.732	1.835	1.939
113	1.343	1.448	1.553	1.658	1.763	1.868	1.974
114	1.367	1.473	1.580	1.687	1.794	1.901	2.008
115	1.391	1.499	1.608	1.716	1.825	1.934	2.044
116	1.415	1.525	1.636	1.746	1.857	1.968	2.079
117	1.440	1.552	1.664	1.776	1.889	2.002	2.115
118	1.464	1.578	1.692	1.807	1.921	2.036	2.151
119	1.489	1.605	1.721	1.837	1.954	2.070	2.187
120	1.514	1.632	1.750	1.868	1.986	2.105	2.224

检尺长/m 材积/m³ 检尺径/cm	2.0	2.2	2.4	2.5	2.6	2.8	3.0	3.2	3.4
4	0.0041	0.0047	0.0053	0.0056	0.0059	0.0066	0.0073	0.0080	0.0088
5	0.0058	0.0066	0.0074	0.0079	0.0083	0.0092	0.0101	0.0111	0.0121
6	0.0079	0.0089	0.0100	0.0105	0.0111	0.0122	0.0134	0.0147	0.0160
7	0.0103	0.0116	0.0129	0.0136	0.0143	0.0157	0.0172	0.0188	0.0204
8	0.013	0.015	0.016	0.017	0.018	0.020	0.021	0.023	0.025
9	0.016	0.018	0.020	0.021	0.022	0.024	0.026	0.028	0.031
10	0.019	0.022	0.024	0.025	0.026	0.029	0.031	0.034	0.037
11	0.023	0.026	0.028	0.030	0.031	0.034	0.037	0.040	0.043
12	0.027	0.030	0.033	0.035	0.037	0.040	0.043	0.047	0.050
13	0.031	0.035	0.039	0.041	0.043	0.047	0.051	0.055	0.059
14	0.036	0.040	0.045	0.047	0.049	0.054	0.058	0.063	0.068
15	0.041	0.046	0.051	0.053	0.056	0.061	0.066	0.072	0.077

材积 /m³ 检尺径 /cm	检尺长 /m 2.0	2.2	2.4	2.5	2.6	2.8	3.0	3.2	3.4
16	0.047	0.052	0.058	0.060	0.063	0.069	0.075	0.081	0.087
17	0.052	0.058	0.065	0.068	0.071	0.077	0.084	0.091	0.097
18	0.059	0.065	0.072	0.076	0.079	0.086	0.093	0.101	0.108
19	0.065	0.072	0.080	0.084	0.088	0.095	0.103	0.112	0.120
20	0.072	0.080	0.088	0.092	0.097	0.105	0.114	0.123	0.132
21	0.079	0.088	0.097	0.101	0.106	0.116	0.125	0.135	0.145
22	0.086	0.096	0.106	0.111	0.116	0.126	0.137	0.147	0.158
23	0.094	0.105	0.115	0.121	0.126	0.138	0.149	0.160	0.172
24	0.102	0.114	0.125	0.131	0.137	0.149	0.161	0.174	0.186
25	0.111	0.123	0.136	0.142	0.149	0.161	0.175	0.188	0.202
26	0.120	0.133	0.146	0.153	0.160	0.174	0.188	0.203	0.217
27	0.129	0.143	0.158	0.165	0.172	0.187	0.203	0.218	0.233
28	0.138	0.154	0.169	0.177	0.185	0.201	0.217	0.234	0.250
29	0.148	0.164	0.181	0.190	0.198	0.215	0.232	0.250	0.268
30	0.158	0.176	0.193	0.202	0.211	0.230	0.248	0.267	0.286

材积 /m³ 检尺长 /m 检尺径 /cm	2.0	2.2	2.4	2.5	2.6	2.8	3.0	3.2	3.4
31	0.169	0.187	0.206	0.216	0.225	0.245	0.264	0.284	0.304
32	0.180	0.199	0.219	0.230	0.240	0.260	0.281	0.302	0.324
33	0.191	0.212	0.233	0.244	0.255	0.276	0.298	0.321	0.343
34	0.202	0.224	0.247	0.258	0.270	0.293	0.316	0.340	0.364
35	0.214	0.238	0.261	0.273	0.285	0.310	0.335	0.359	0.385
36	0.226	0.251	0.276	0.289	0.302	0.327	0.353	0.380	0.406
37	0.239	0.265	0.291	0.305	0.318	0.345	0.373	0.400	0.428
38	0.252	0.279	0.307	0.321	0.335	0.364	0.393	0.422	0.451
39	0.265	0.294	0.323	0.338	0.353	0.385	0.413	0.443	0.474
40	0.278	0.309	0.340	0.355	0.371	0.402	0.434	0.466	0.498
41	0.292	0.324	0.356	0.373	0.389	0.422	0.455	0.489	0.523
42	0.306	0.340	0.374	0.391	0.408	0.442	0.477	0.512	0.548
43	0.321	0.356	0.391	0.409	0.427	0.463	0.499	0.536	0.573
44	0.336	0.372	0.409	0.428	0.447	0.484	0.522	0.561	0.599
45	0.351	0.389	0.428	0.447	0.467	0.506	0.546	0.586	0.626

材积 /m³ 检尺长/m 检尺径/cm	2.0	2.2	2.4	2.5	2.6	2.8	3.0	3.2	3.4
46	0.367	0.406	0.447	0.467	0.487	0.528	0.570	0.612	0.654
47	0.383	0.424	0.466	0.487	0.508	0.551	0.594	0.638	0.682
48	0.399	0.442	0.486	0.508	0.530	0.574	0.619	0.665	0.710
49	0.415	0.460	0.506	0.529	0.552	0.598	0.645	0.692	0.739
50	0.432	0.479	0.526	0.550	0.574	0.622	0.671	0.720	0.769
51	0.450	0.498	0.547	0.572	0.597	0.647	0.697	0.748	0.799
52	0.467	0.518	0.569	0.594	0.620	0.672	0.724	0.777	0.830
53	0.485	0.537	0.590	0.617	0.644	0.698	0.752	0.807	0.862
54	0.503	0.558	0.613	0.640	0.668	0.724	0.780	0.837	0.894
55	0.522	0.578	0.635	0.664	0.692	0.750	0.809	0.868	0.927
56	0.541	0.599	0.658	0.688	0.718	0.777	0.838	0.899	0.960
57	0.560	0.620	0.681	0.712	0.743	0.805	0.868	0.930	0.994
58	0.580	0.642	0.705	0.737	0.769	0.833	0.898	0.963	1.028
59	0.600	0.664	0.729	0.762	0.795	0.862	0.928	0.996	1.063
60	0.620	0.687	0.754	0.788	0.822	0.890	0.959	1.029	1.099

原 木 材 积 表

检尺长/m 材积/m³ 检尺径/cm	2.0	2.2	2.4	2.5	2.6	2.8	3.0	3.2	3.4
61	0.641	0.709	0.779	0.814	0.849	0.920	0.991	1.063	1.135
62	0.661	0.733	0.804	0.841	0.877	0.950	1.023	1.097	1.172
63	0.683	0.756	0.830	0.868	0.905	0.980	1.056	1.132	1.209
64	0.704	0.780	0.857	0.895	0.934	1.011	1.089	1.168	1.247
65	0.726	0.804	0.883	0.923	0.963	1.043	1.123	1.204	1.286
66	0.749	0.829	0.910	0.951	0.992	1.074	1.157	1.241	1.325
67	0.771	0.854	0.938	0.980	1.022	1.107	1.192	1.278	1.364
68	0.794	0.880	0.966	1.009	1.052	1.140	1.227	1.316	1.405
69	0.818	0.905	0.994	1.038	1.083	1.173	1.263	1.354	1.446
70	0.841	0.931	1.022	1.068	1.114	1.207	1.300	1.393	1.487
71	0.865	0.958	1.052	1.099	1.146	1.241	1.336	1.433	1.529
72	0.890	0.985	1.081	1.129	1.178	1.276	1.374	1.473	1.572
73	0.914	1.012	1.111	1.161	1.211	1.311	1.412	1.513	1.615
74	0.939	1.040	1.141	1.192	1.244	1.347	1.450	1.554	1.659
75	0.965	1.068	1.172	1.224	1.277	1.383	1.489	1.596	1.703

材积/m³　检尺长/m　检尺径/cm	2.0	2.2	2.4	2.5	2.6	2.8	3.0	3.2	3.4
76	0.990	1.096	1.203	1.257	1.311	1.419	1.528	1.638	1.748
77	1.016	1.125	1.235	1.290	1.345	1.456	1.568	1.681	1.794
78	1.043	1.154	1.267	1.323	1.380	1.494	1.609	1.724	1.840
79	1.069	1.184	1.299	1.357	1.415	1.532	1.650	1.768	1.887
80	1.096	1.214	1.332	1.391	1.451	1.571	1.691	1.812	1.934
81	1.124	1.244	1.365	1.426	1.487	1.610	1.733	1.857	1.982
82	1.151	1.274	1.399	1.461	1.523	1.649	1.776	1.903	2.030
83	1.179	1.305	1.433	1.496	1.560	1.689	1.819	1.949	2.079
84	1.208	1.337	1.467	1.532	1.598	1.730	1.862	1.995	2.129
85	1.236	1.369	1.502	1.569	1.636	1.771	1.906	2.043	2.179
86	1.265	1.401	1.537	1.605	1.674	1.812	1.951	2.090	2.230
87	1.295	1.433	1.573	1.643	1.713	1.854	1.996	2.139	2.282
88	1.325	1.466	1.609	1.680	1.752	1.896	2.042	2.187	2.334
89	1.355	1.499	1.645	1.718	1.792	1.939	2.088	2.237	2.386
90	1.385	1.533	1.682	1.757	1.832	1.983	2.134	2.287	2.439

原木材积表 续表

材积/m³　检尺长/m 检尺径/cm	2.0	2.2	2.4	2.5	2.6	2.8	3.0	3.2	3.4
91	1.416	1.567	1.719	1.796	1.872	2.026	2.181	2.337	2.493
92	1.447	1.601	1.757	1.835	1.913	2.071	2.229	2.388	2.548
93	1.478	1.636	1.795	1.875	1.955	2.116	2.277	2.440	2.602
94	1.510	1.671	1.833	1.915	1.997	2.161	2.326	2.492	2.658
95	1.542	1.707	1.872	1.955	2.039	2.207	2.375	2.544	2.714
96	1.574	1.742	1.911	1.996	2.082	2.253	2.425	2.598	2.771
97	1.607	1.779	1.951	2.038	2.125	2.300	2.475	2.651	2.828
98	1.640	1.815	1.991	2.080	2.169	2.347	2.526	2.706	2.886
99	1.674	1.852	2.032	2.122	2.213	2.394	2.577	2.760	2.944
100	1.707	1.889	2.073	2.165	2.257	2.443	2.629	2.816	3.004
101	1.742	1.927	2.114	2.208	2.302	2.491	2.681	2.871	3.063
102	1.776	1.965	2.156	2.252	2.348	2.540	2.734	2.928	3.123
103	1.811	2.004	2.198	2.296	2.393	2.590	2.787	2.986	3.184
104	1.846	2.042	2.240	2.340	2.440	2.640	2.841	3.043	3.246
105	1.881	2.082	2.283	2.385	2.486	2.691	2.896	3.101	3.308

材积/m³　检尺长/m　检尺径/cm	2.0	2.2	2.4	2.5	2.6	2.8	3.0	3.2	3.4
106	1.917	2.121	2.327	2.430	2.534	2.742	2.950	3.160	3.370
107	1.953	2.161	2.371	2.476	2.581	2.793	3.006	3.219	3.433
108	1.990	2.202	2.415	2.522	2.629	2.845	3.062	3.279	3.497
109	2.027	2.242	2.459	2.568	2.678	2.897	3.118	3.339	3.561
110	2.064	2.283	2.504	2.615	2.727	2.950	3.175	3.400	3.626
111	2.101	2.325	2.550	2.663	2.776	3.004	3.232	3.462	3.692
112	2.139	2.367	2.596	2.711	2.826	3.058	3.290	3.524	3.758
113	2.177	2.409	2.642	2.759	2.876	3.112	3.349	3.586	3.825
114	2.216	2.451	2.688	2.808	2.927	3.167	3.408	3.650	3.892
115	2.254	2.494	2.736	2.857	2.978	3.222	3.467	3.713	3.960
116	2.294	2.537	2.783	2.906	3.030	3.278	3.527	3.777	4.028
117	2.333	2.581	2.831	2.956	3.082	3.334	3.588	3.842	4.097
118	2.373	2.625	2.879	3.007	3.135	3.391	3.649	3.908	4.167
119	2.413	2.670	2.928	3.057	3.187	3.448	3.711	3.973	4.237
120	2.454	2.714	2.977	3.109	3.241	3.506	3.773	4.040	4.308

原 木 材 积 表　　　　　　　　　　　　　　　　　续表

材积/m³ ╲ 检尺长/m ╲ 检尺径/cm	3.6	3.8	4.0	4.2	4.4	4.6	4.8	5.0	5.2
4	0.0096	0.0104	0.0113	0.0122	0.0132	0.0142	0.0152	0.0163	0.0175
5	0.0132	0.0143	0.0154	0.0166	0.0178	0.0191	0.0204	0.0218	0.0232
6	0.0173	0.0187	0.0201	0.0216	0.0231	0.0247	0.0263	0.0280	0.0298
7	0.0220	0.0237	0.0254	0.0273	0.0291	0.0310	0.0330	0.0351	0.0372
8	0.027	0.029	0.031	0.034	0.036	0.038	0.040	0.043	0.045
9	0.033	0.036	0.038	0.041	0.043	0.046	0.049	0.051	0.054
10	0.040	0.042	0.045	0.048	0.051	0.054	0.058	0.061	0.064
11	0.046	0.050	0.053	0.057	0.060	0.064	0.067	0.071	0.075
12	0.054	0.058	0.062	0.065	0.069	0.074	0.078	0.082	0.086
13	0.064	0.068	0.073	0.078	0.082	0.087	0.093	0.098	0.103
14	0.073	0.078	0.083	0.089	0.094	0.100	0.105	0.111	0.117
15	0.083	0.088	0.094	0.100	0.106	0.113	0.119	0.126	0.132

原 木 材 积 表

续表

材积/m³ 检尺径/cm ＼ 检尺长/m	3.6	3.8	4.0	4.2	4.4	4.6	4.8	5.0	5.2
16	0.093	0.100	0.106	0.113	0.120	0.126	0.134	0.141	0.148
17	0.104	0.111	0.119	0.126	0.133	0.141	0.149	0.157	0.165
18	0.116	0.124	0.132	0.140	0.148	0.156	0.165	0.174	0.182
19	0.128	0.137	0.146	0.155	0.164	0.173	0.182	0.191	0.201
20	0.141	0.151	0.160	0.170	0.180	0.190	0.200	0.210	0.221
21	0.155	0.165	0.175	0.186	0.197	0.207	0.218	0.230	0.241
22	0.169	0.180	0.191	0.203	0.214	0.226	0.238	0.250	0.262
23	0.184	0.196	0.208	0.220	0.233	0.245	0.258	0.271	0.284
24	0.199	0.212	0.225	0.239	0.252	0.266	0.279	0.293	0.308
25	0.215	0.229	0.243	0.258	0.272	0.287	0.301	0.316	0.332
26	0.232	0.247	0.262	0.277	0.293	0.308	0.324	0.340	0.356
27	0.249	0.265	0.281	0.298	0.314	0.331	0.348	0.365	0.382
28	0.267	0.284	0.302	0.319	0.337	0.354	0.372	0.391	0.409
29	0.286	0.304	0.322	0.341	0.360	0.379	0.398	0.417	0.436
30	0.305	0.324	0.344	0.364	0.383	0.404	0.424	0.444	0.465

原 木 材 积 表

材积/m³ 检尺长/m 检尺径/cm	3.6	3.8	4.0	4.2	4.4	4.6	4.8	5.0	5.2
31	0.325	0.345	0.366	0.387	0.408	0.429	0.451	0.473	0.494
32	0.345	0.367	0.389	0.411	0.433	0.456	0.479	0.502	0.525
33	0.366	0.389	0.412	0.436	0.459	0.483	0.507	0.532	0.556
34	0.388	0.412	0.437	0.461	0.486	0.511	0.537	0.562	0.588
35	0.410	0.436	0.462	0.488	0.514	0.540	0.567	0.594	0.621
36	0.433	0.460	0.487	0.515	0.542	0.570	0.598	0.626	0.655
37	0.456	0.485	0.514	0.542	0.571	0.601	0.630	0.660	0.690
38	0.481	0.510	0.541	0.571	0.601	0.632	0.663	0.694	0.725
39	0.505	0.537	0.568	0.600	0.632	0.664	0.697	0.729	0.762
40	0.531	0.564	0.597	0.630	0.663	0.697	0.731	0.765	0.800
41	0.557	0.591	0.626	0.661	0.696	0.731	0.766	0.802	0.838
42	0.583	0.619	0.656	0.692	0.729	0.766	0.803	0.840	0.877
43	0.611	0.648	0.686	0.724	0.762	0.801	0.840	0.878	0.917
44	0.638	0.678	0.717	0.757	0.797	0.837	0.877	0.918	0.959
45	0.667	0.708	0.749	0.790	0.832	0.874	0.916	0.958	1.001

原 木 材 积 表

材积/m³ 检尺径/cm \ 检尺长/m	3.6	3.8	4.0	4.2	4.4	4.6	4.8	5.0	5.2
46	0.696	0.739	0.782	0.825	0.868	0.912	0.955	0.999	1.043
47	0.726	0.770	0.815	0.860	0.905	0.950	0.996	1.041	1.087
48	0.756	0.802	0.849	0.896	0.942	0.990	1.037	1.084	1.132
49	0.787	0.835	0.883	0.932	0.981	1.030	1.079	1.128	1.178
50	0.819	0.869	0.919	0.969	1.020	1.071	1.122	1.173	1.224
51	0.851	0.903	0.955	1.007	1.060	1.112	1.165	1.218	1.272
52	0.884	0.938	0.992	1.046	1.100	1.155	1.210	1.265	1.320
53	0.917	0.973	1.029	1.085	1.142	1.198	1.255	1.312	1.369
54	0.951	1.009	1.067	1.125	1.184	1.242	1.301	1.360	1.419
55	0.986	1.046	1.106	1.166	1.227	1.287	1.348	1.409	1.470
56	1.021	1.083	1.145	1.208	1.270	1.333	1.396	1.459	1.522
57	1.057	1.121	1.186	1.250	1.315	1.380	1.445	1.510	1.575
58	1.094	1.160	1.226	1.293	1.360	1.427	1.494	1.561	1.629
59	1.131	1.199	1.268	1.337	1.406	1.475	1.544	1.614	1.683
60	1.169	1.239	1.310	1.381	1.452	1.524	1.595	1.667	1.739

材积 /m³　检尺长/m 检尺径 /cm	3.6	3.8	4.0	4.2	4.4	4.6	4.8	5.0	5.2
61	1.207	1.280	1.353	1.426	1.500	1.574	1.647	1.721	1.795
62	1.246	1.321	1.397	1.472	1.548	1.624	1.700	1.776	1.853
63	1.286	1.363	1.441	1.519	1.597	1.675	1.754	1.832	1.911
64	1.326	1.406	1.486	1.566	1.647	1.728	1.808	1.889	1.970
65	1.367	1.449	1.532	1.615	1.697	1.780	1.864	1.947	2.030
66	1.409	1.493	1.578	1.663	1.749	1.834	1.920	2.005	2.091
67	1.451	1.538	1.625	1.713	1.801	1.889	1.977	2.065	2.153
68	1.494	1.583	1.673	1.763	1.854	1.944	2.034	2.125	2.216
69	1.537	1.629	1.722	1.814	1.907	2.000	2.093	2.186	2.279
70	1.581	1.676	1.771	1.866	1.961	2.057	2.152	2.248	2.344
71	1.625	1.723	1.821	1.919	2.017	2.115	2.213	2.311	2.409
72	1.671	1.771	1.871	1.972	2.072	2.173	2.274	2.375	2.476
73	1.717	1.820	1.923	2.026	2.129	2.232	2.336	2.439	2.543
74	1.764	1.869	1.975	2.080	2.186	2.292	2.399	2.505	2.611
75	1.811	1.919	2.027	2.136	2.245	2.353	2.462	2.571	2.680

原 木 材 积 表

续表

材积/m³ 检尺长/m 检尺径/cm	3.6	3.8	4.0	4.2	4.4	4.6	4.8	5.0	5.2
76	1.859	1.969	2.081	2.192	2.303	2.415	2.527	2.638	2.750
77	1.907	2.021	2.135	2.249	2.363	2.477	2.592	2.706	2.821
78	1.956	2.073	2.189	2.306	2.424	2.541	2.658	2.775	2.893
79	2.006	2.125	2.245	2.365	2.485	2.605	2.725	2.845	2.965
80	2.056	2.178	2.301	2.424	2.547	2.670	2.793	2.916	3.039
81	2.107	2.232	2.358	2.483	2.609	2.735	2.861	2.987	3.113
82	2.158	2.287	2.415	2.544	2.673	2.802	2.931	3.060	3.189
83	2.210	2.342	2.473	2.605	2.737	2.869	3.001	3.133	3.265
84	2.263	2.398	2.532	2.667	2.802	2.937	3.072	3.207	3.342
85	2.316	2.454	2.592	2.730	2.868	3.006	3.144	3.282	3.420
86	2.371	2.511	2.652	2.793	2.934	3.076	3.217	3.358	3.499
87	2.425	2.569	2.713	2.857	3.002	3.146	3.290	3.435	3.579
88	2.480	2.627	2.775	2.922	3.070	3.217	3.365	3.512	3.660
89	2.536	2.687	2.837	2.988	3.139	3.289	3.440	3.591	3.741
90	2.593	2.746	2.900	3.054	3.208	3.362	3.516	3.670	3.824

材积/m³　检尺长/m 检尺径/cm	3.6	3.8	4.0	4.2	4.4	4.6	4.8	5.0	5.2
91	2.650	2.807	2.964	3.121	3.279	3.436	3.593	3.750	3.907
92	2.707	2.868	3.028	3.189	3.350	3.510	3.671	3.831	3.992
93	2.766	2.930	3.093	3.257	3.422	3.586	3.750	3.913	4.077
94	2.825	2.992	3.159	3.327	3.494	3.662	3.829	3.996	4.163
95	2.884	3.055	3.226	3.396	3.568	3.738	3.909	4.080	4.250
96	2.945	3.119	3.293	3.467	3.642	3.816	3.990	4.164	4.338
97	3.005	3.183	3.361	3.539	3.717	3.895	4.072	4.250	4.427
98	3.067	3.248	3.429	3.611	3.792	3.974	4.155	4.336	4.517
99	3.129	3.314	3.499	3.684	3.869	4.054	4.239	4.423	4.561
100	3.192	3.380	3.569	3.757	3.946	4.135	4.323	4.511	4.699
101	3.255	3.447	3.639	3.832	4.024	4.217	4.408	4.600	4.792
102	3.319	3.515	3.711	3.907	4.103	4.299	4.494	4.690	4.885
103	3.383	3.583	3.783	3.982	4.182	4.383	4.581	4.780	4.979
104	3.449	3.652	3.855	4.059	4.263	4.466	4.669	4.872	5.074
105	3.514	3.722	3.929	4.136	4.344	4.552	4.758	4.964	5.171

原 木 材 积 表

材积/m³ 检尺长/m / 检尺径/cm	3.6	3.8	4.0	4.2	4.4	4.6	4.8	5.0	5.2
106	3.581	3.792	4.003	4.214	4.425	4.636	4.847	5.058	5.267
107	3.648	3.863	4.078	4.293	4.508	4.724	4.937	5.152	5.365
108	3.716	3.934	4.153	4.372	4.591	4.810	5.028	5.247	5.464
109	3.784	4.007	4.230	4.452	4.675	4.899	5.120	5.342	5.564
110	3.853	4.080	4.306	4.533	4.760	4.987	5.213	5.439	5.664
111	3.922	4.153	4.384	4.615	4.846	5.077	5.307	5.537	5.766
112	3.992	4.227	4.462	4.697	4.932	5.167	5.401	5.635	5.868
113	4.063	4.302	4.541	4.780	5.019	5.259	5.496	5.734	5.972
114	4.135	4.378	4.621	4.864	5.107	5.350	5.592	5.834	6.076
115	4.207	4.454	4.701	4.949	5.196	5.444	5.689	5.935	6.181
116	4.279	4.531	4.782	5.034	5.285	5.536	5.787	6.037	6.287
117	4.353	4.608	4.864	5.120	5.376	5.632	5.886	6.140	6.394
118	4.426	4.686	4.947	5.207	5.466	5.726	5.985	6.244	6.502
119	4.501	4.765	5.030	5.294	5.558	5.822	6.085	6.348	6.610
120	4.576	4.845	5.113	5.382	5.651	5.919	6.186	6.453	6.720

原 木 材 积 表

材积/m³ 检尺长/m 检尺径/cm	5.4	5.6	5.8	6.0	6.2	6.4	6.6	6.8
4	0.0186	0.0199	0.0211	0.0224	0.0238	0.0252	0.0266	0.0281
5	0.0247	0.0262	0.0278	0.0294	0.0311	0.0328	0.0346	0.0364
6	0.0316	0.0334	0.0354	0.0373	0.0394	0.0414	0.0436	0.0458
7	0.0393	0.0416	0.0438	0.0462	0.0486	0.0511	0.0536	0.0562
8	0.048	0.051	0.053	0.056	0.059	0.062	0.065	0.068
9	0.057	0.060	0.064	0.067	0.070	0.073	0.077	0.080
10	0.068	0.071	0.075	0.078	0.082	0.086	0.090	0.094
11	0.079	0.083	0.087	0.091	0.095	0.100	0.104	0.109
12	0.091	0.095	0.100	0.105	0.109	0.114	0.119	0.124
13	0.109	0.114	0.120	0.126	0.132	0.138	0.144	0.150
14	0.123	0.129	0.136	0.142	0.149	0.156	0.162	0.169
15	0.139	0.146	0.153	0.160	0.167	0.175	0.182	0.190

材积/m³ 检尺长/m 检尺径/cm	5.4	5.6	5.8	6.0	6.2	6.4	6.6	6.8
16	0.155	0.163	0.171	0.179	0.187	0.195	0.203	0.211
17	0.173	0.181	0.190	0.198	0.207	0.216	0.225	0.234
18	0.191	0.201	0.210	0.219	0.229	0.238	0.248	0.258
19	0.211	0.221	0.231	0.241	0.251	0.262	0.272	0.283
20	0.231	0.242	0.253	0.264	0.275	0.286	0.298	0.309
21	0.252	0.264	0.276	0.288	0.300	0.312	0.324	0.337
22	0.275	0.287	0.300	0.313	0.326	0.339	0.352	0.365
23	0.298	0.311	0.325	0.339	0.352	0.367	0.381	0.395
24	0.322	0.336	0.351	0.366	0.380	0.396	0.411	0.426
25	0.347	0.362	0.378	0.394	0.410	0.426	0.442	0.458
26	0.373	0.389	0.406	0.423	0.440	0.457	0.474	0.491
27	0.400	0.417	0.435	0.453	0.471	0.489	0.507	0.526
28	0.427	0.446	0.465	0.484	0.503	0.522	0.542	0.561
29	0.456	0.476	0.496	0.516	0.536	0.557	0.577	0.598
30	0.486	0.507	0.528	0.549	0.571	0.592	0.614	0.636

材积/m³ 检尺长/m 检尺径/cm	5.4	5.6	5.8	6.0	6.2	6.4	6.6	6.8
31	0.516	0.539	0.561	0.583	0.606	0.629	0.652	0.675
32	0.548	0.571	0.595	0.619	0.643	0.667	0.691	0.715
33	0.580	0.605	0.630	0.655	0.680	0.706	0.731	0.757
34	0.614	0.640	0.666	0.692	0.719	0.746	0.772	0.799
35	0.648	0.676	0.703	0.731	0.759	0.787	0.815	0.843
36	0.683	0.712	0.741	0.770	0.799	0.829	0.858	0.888
37	0.720	0.750	0.780	0.811	0.841	0.872	0.903	0.934
38	0.757	0.788	0.820	0.852	0.884	0.916	0.949	0.981
39	0.795	0.828	0.861	0.895	0.928	0.962	0.996	1.030
40	0.834	0.869	0.903	0.938	0.973	1.008	1.044	1.079
41	0.874	0.910	0.946	0.983	1.019	1.056	1.093	1.130
42	0.915	0.953	0.990	1.028	1.067	1.105	1.143	1.182
43	0.957	0.996	1.035	1.075	1.115	1.155	1.195	1.235
44	0.999	1.040	1.082	1.123	1.164	1.206	1.247	1.289
45	1.043	1.086	1.129	1.172	1.215	1.258	1.301	1.344

原 木 材 积 表

检尺长/m 材积/m³ 检尺径/cm	5.4	5.6	5.8	6.0	6.2	6.4	6.6	6.8
46	1.088	1.132	1.177	1.221	1.266	1.311	1.356	1.401
47	1.133	1.179	1.226	1.272	1.319	1.365	1.412	1.459
48	1.180	1.228	1.276	1.324	1.372	1.421	1.469	1.518
49	1.227	1.277	1.327	1.377	1.427	1.477	1.527	1.578
50	1.276	1.327	1.379	1.431	1.483	1.535	1.587	1.639
51	1.325	1.378	1.432	1.486	1.539	1.593	1.647	1.701
52	1.375	1.431	1.486	1.542	1.597	1.653	1.709	1.765
53	1.426	1.484	1.541	1.599	1.656	1.714	1.772	1.829
54	1.478	1.538	1.597	1.657	1.716	1.776	1.835	1.895
55	1.532	1.593	1.654	1.716	1.777	1.839	1.901	1.962
56	1.586	1.649	1.712	1.776	1.839	1.903	1.967	2.030
57	1.640	1.706	1.771	1.837	1.903	1.968	2.034	2.100
58	1.696	1.764	1.832	1.899	1.967	2.035	2.102	2.170
59	1.753	1.823	1.893	1.962	2.032	2.102	2.172	2.242
60	1.811	1.883	1.955	2.027	2.099	2.171	2.243	2.315

材积/m³ 检尺长/m 检尺径/cm	5.4	5.6	5.8	6.0	6.2	6.4	6.6	6.8
61	1.869	1.944	2.018	2.092	2.166	2.240	2.315	2.389
62	1.929	2.005	2.082	2.158	2.235	2.311	2.388	2.464
63	1.990	2.068	2.147	2.226	2.304	2.383	2.462	2.540
64	2.051	2.132	2.213	2.294	2.375	2.456	2.537	2.618
65	2.113	2.197	2.280	2.363	2.447	2.530	2.613	2.696
66	2.177	2.263	2.348	2.434	2.520	2.605	2.691	2.776
67	2.241	2.329	2.417	2.505	2.594	2.682	2.769	2.857
68	2.306	2.397	2.487	2.578	2.668	2.759	2.849	2.939
69	2.372	2.465	2.559	2.652	2.745	2.837	2.930	3.023
70	2.439	2.535	2.631	2.726	2.822	2.917	3.012	3.107
71	2.508	2.606	2.704	2.802	2.900	2.998	3.095	3.193
72	2.576	2.677	2.778	2.879	2.979	3.079	3.180	3.280
73	2.646	2.750	2.853	2.956	3.059	3.162	3.265	3.368
74	2.717	2.823	2.929	3.035	3.141	3.246	3.352	3.457
75	2.789	2.898	3.006	3.115	3.223	3.331	3.439	3.547

原 木 材 积 表

材积/m³ 检尺长/m 检尺径/cm	5.4	5.6	5.8	6.0	6.2	6.4	6.6	6.8
76	2.862	2.973	3.084	3.196	3.307	3.417	3.528	3.639
77	2.935	3.049	3.163	3.277	3.391	3.505	3.618	3.731
78	3.010	3.127	3.244	3.360	3.477	3.593	3.709	3.825
79	3.085	3.205	3.325	3.444	3.564	3.683	3.801	3.920
80	3.162	3.284	3.407	3.529	3.651	3.773	3.895	4.016
81	3.239	3.365	3.490	3.615	3.740	3.865	3.989	4.113
82	3.317	3.446	3.574	3.702	3.830	3.958	4.085	4.212
83	3.397	3.528	3.659	3.790	3.921	4.051	4.182	4.311
84	3.477	3.611	3.745	3.879	4.013	4.146	4.279	4.412
85	3.558	3.695	3.833	3.970	4.106	4.243	4.378	4.514
86	3.640	3.780	3.921	4.061	4.200	4.340	4.479	4.617
87	3.723	3.866	4.010	4.153	4.296	4.438	4.580	4.721
88	3.807	3.953	4.100	4.246	4.392	4.537	4.682	4.827
89	3.892	4.041	4.191	4.340	4.489	4.638	4.786	4.934
90	3.977	4.130	4.283	4.436	4.588	4.739	4.891	5.041

原 木 材 积 表   续表

材积/m³ 检尺长/m 检尺径/cm	5.4	5.6	5.8	6.0	6.2	6.4	6.6	6.8
91	4.064	4.220	4.376	4.532	4.687	4.842	4.996	5.150
92	4.152	4.311	4.471	4.629	4.788	4.946	5.103	5.260
93	4.240	4.403	4.566	4.728	4.890	5.051	5.211	5.372
94	4.330	4.496	4.662	4.827	4.992	5.157	5.321	5.484
95	4.420	4.590	4.759	4.928	5.096	5.264	5.431	5.598
96	4.512	4.685	4.857	5.029	5.201	5.372	5.542	5.712
97	4.604	4.780	4.956	5.132	5.307	5.481	5.655	5.828
98	4.697	4.877	5.057	5.235	5.414	5.592	5.769	5.945
99	4.791	4.975	5.158	5.340	5.522	5.703	5.884	6.064
100	4.887	5.073	5.260	5.446	5.631	5.816	6.000	6.183
101	4.983	5.173	5.363	5.552	5.741	5.929	6.117	6.304
102	5.080	5.274	5.467	5.660	5.853	6.044	6.235	6.425
103	5.178	5.375	5.572	5.769	5.965	6.160	6.354	6.548
104	5.276	5.478	5.679	5.879	6.078	6.277	6.475	6.672
105	5.376	5.581	5.786	5.990	6.193	6.395	6.597	6.798

材积/m³ 检尺径/cm ＼ 检尺长/m	5.4	5.6	5.8	6.0	6.2	6.4	6.6	6.8
106	5.477	5.686	5.894	6.101	6.308	6.514	6.720	6.924
107	5.579	5.791	6.003	6.214	6.425	6.635	6.843	7.051
108	5.681	5.898	6.113	6.328	6.543	6.756	6.969	7.180
109	5.785	6.005	6.224	6.443	6.661	6.878	7.095	7.310
110	5.889	6.113	6.337	6.559	6.781	7.002	7.222	7.441
111	5.995	6.223	6.450	6.676	6.902	7.127	7.350	7.573
112	6.101	6.333	6.564	6.794	7.024	7.253	7.480	7.707
113	6.208	6.444	6.679	6.914	7.147	7.379	7.611	7.841
114	6.316	6.556	6.795	7.034	7.271	7.507	7.743	7.977
115	6.426	6.670	6.913	7.155	7.396	7.637	7.876	8.114
116	6.536	6.784	7.031	7.277	7.522	7.767	8.010	8.252
117	6.647	6.899	7.150	7.400	7.650	7.898	8.145	8.391
118	6.759	7.015	7.270	7.525	7.778	8.030	8.281	8.531
119	6.872	7.132	7.391	7.650	7.907	8.164	8.419	8.673
120	6.985	7.250	7.514	7.776	8.038	8.298	8.558	8.816

材积/m³ 检尺长/m 检尺径/cm	7.0	7.2	7.4	7.6	7.8	8.0	8.2	8.4
4	0.0297	0.0313	0.0330	0.0347	0.0364	0.0382	0.0400	0.0420
5	0.0383	0.0404	0.0423	0.0444	0.0465	0.0487	0.0509	0.0532
6	0.0481	0.0504	0.0528	0.0552	0.0578	0.0603	0.0630	0.0657
7	0.0589	0.0616	0.0644	0.0673	0.0703	0.0733	0.0764	0.0795
8	0.071	0.074	0.077	0.081	0.084	0.087	0.091	0.095
9	0.084	0.088	0.091	0.095	0.099	0.103	0.107	0.111
10	0.098	0.102	0.106	0.111	0.115	0.120	0.124	0.129
11	0.113	0.118	0.123	0.128	0.133	0.138	0.143	0.148
12	0.130	0.135	0.140	0.146	0.151	0.157	0.163	0.168
13	0.157	0.163	0.170	0.177	0.184	0.191	0.198	0.206
14	0.176	0.184	0.191	0.199	0.206	0.214	0.222	0.230
15	0.198	0.206	0.214	0.222	0.230	0.239	0.248	0.256

原 木 材 积 表 续表

材积/m³ 检尺长/m 检尺径/cm	7.0	7.2	7.4	7.6	7.8	8.0	8.2	8.4
16	0.220	0.229	0.238	0.247	0.256	0.265	0.274	0.284
17	0.243	0.253	0.263	0.272	0.282	0.292	0.303	0.313
18	0.268	0.278	0.289	0.300	0.310	0.321	0.332	0.343
19	0.294	0.305	0.317	0.328	0.340	0.351	0.363	0.375
20	0.321	0.333	0.345	0.358	0.370	0.383	0.395	0.408
21	0.350	0.362	0.375	0.389	0.402	0.416	0.429	0.443
22	0.379	0.393	0.407	0.421	0.435	0.450	0.464	0.479
23	0.410	0.425	0.439	0.455	0.470	0.485	0.501	0.517
24	0.442	0.457	0.473	0.489	0.506	0.522	0.539	0.555
25	0.475	0.492	0.508	0.526	0.543	0.560	0.578	0.596
26	0.509	0.527	0.545	0.563	0.581	0.600	0.618	0.637
27	0.545	0.563	0.583	0.602	0.621	0.641	0.660	0.680
28	0.581	0.601	0.621	0.642	0.662	0.683	0.704	0.725
29	0.619	0.640	0.662	0.683	0.705	0.727	0.749	0.771
30	0.658	0.681	0.703	0.726	0.748	0.771	0.795	0.818

材积/m³ 检尺长/m 检尺径/cm	7.0	7.2	7.4	7.6	7.8	8.0	8.2	8.4
31	0.699	0.722	0.746	0.770	0.794	0.818	0.842	0.867
32	0.740	0.765	0.790	0.815	0.840	0.865	0.891	0.917
33	0.783	0.809	0.835	0.861	0.888	0.914	0.941	0.968
34	0.827	0.854	0.881	0.909	0.937	0.965	0.993	1.021
35	0.872	0.900	0.929	0.958	0.987	1.016	1.046	1.076
36	0.918	0.948	0.978	1.008	1.039	1.069	1.100	1.131
37	0.965	0.997	1.028	1.060	1.092	1.124	1.156	1.188
38	1.014	1.047	1.080	1.113	1.146	1.180	1.213	1.247
39	1.064	1.098	1.132	1.167	1.202	1.237	1.272	1.307
40	1.115	1.151	1.186	1.223	1.259	1.295	1.332	1.368
41	1.167	1.204	1.242	1.279	1.317	1.355	1.393	1.431
42	1.221	1.259	1.298	1.337	1.377	1.416	1.456	1.495
43	1.275	1.316	1.356	1.397	1.438	1.478	1.520	1.561
44	1.331	1.373	1.415	1.457	1.500	1.542	1.585	1.628
45	1.388	1.432	1.475	1.519	1.563	1.607	1.652	1.696

材积 /m³　检尺长/m 检尺径/cm	7.0	7.2	7.4	7.6	7.8	8.0	8.2	8.4
46	1.446	1.492	1.537	1.583	1.628	1.674	1.720	1.766
47	1.506	1.553	1.600	1.647	1.694	1.742	1.789	1.837
48	1.566	1.615	1.664	1.713	1.762	1.811	1.860	1.910
49	1.628	1.679	1.729	1.780	1.831	1.882	1.933	1.984
50	1.691	1.743	1.796	1.848	1.901	1.954	2.006	2.059
51	1.755	1.809	1.864	1.918	1.972	2.027	2.081	2.136
52	1.821	1.877	1.933	1.989	2.045	2.101	2.158	2.214
53	1.887	1.945	2.003	2.061	2.119	2.177	2.236	2.294
54	1.955	2.015	2.075	2.135	2.195	2.255	2.315	2.375
55	2.024	2.086	2.148	2.209	2.271	2.333	2.395	2.458
56	2.094	2.158	2.222	2.286	2.349	2.413	2.477	2.542
57	2.165	2.231	2.297	2.363	2.429	2.495	2.561	2.627
58	2.238	2.306	2.374	2.442	2.510	2.577	2.645	2.714
59	2.312	2.382	2.452	2.522	2.592	2.662	2.732	2.802
60	2.387	2.459	2.531	2.603	2.675	2.747	2.819	2.891

材积/m³　检尺长/m 检尺径/cm	7.0	7.2	7.4	7.6	7.8	8.0	8.2	8.4
61	2.463	2.537	2.611	2.685	2.760	2.834	2.908	2.982
62	2.540	2.617	2.693	2.769	2.845	2.922	2.998	3.074
63	2.619	2.697	2.776	2.854	2.933	3.011	3.090	3.168
64	2.699	2.779	2.860	2.941	3.021	3.102	3.183	3.263
65	2.779	2.863	2.946	3.028	3.111	3.194	3.277	3.360
66	2.862	2.947	3.032	3.117	3.203	3.288	3.373	3.458
67	2.945	3.033	3.120	3.208	3.295	3.383	3.470	3.557
68	3.029	3.119	3.209	3.299	3.389	3.479	3.568	3.658
69	3.115	3.208	3.300	3.392	3.484	3.576	3.668	3.760
70	3.202	3.297	3.392	3.486	3.581	3.675	3.770	3.864
71	3.290	3.388	3.485	3.582	3.679	3.775	3.872	3.969
72	3.380	3.479	3.579	3.678	3.778	3.877	3.976	4.075
73	3.470	3.572	3.674	3.776	3.878	3.980	4.082	4.183
74	3.562	3.667	3.771	3.876	3.980	4.084	4.188	4.292
75	3.655	3.762	3.869	3.976	4.083	4.190	4.296	4.403

材积/m³　检尺长/m 检尺径/cm	7.0	7.2	7.4	7.6	7.8	8.0	8.2	8.4
76	3.749	3.859	3.969	4.078	4.188	4.297	4.406	4.515
77	3.844	3.957	4.069	4.181	4.293	4.405	4.517	4.628
78	3.940	4.056	4.171	4.286	4.400	4.515	4.629	4.743
79	4.038	4.156	4.274	4.391	4.509	4.626	4.743	4.860
80	4.137	4.258	4.378	4.499	4.619	4.738	4.858	4.977
81	4.237	4.361	4.484	4.607	4.730	4.852	4.974	5.096
82	4.338	4.465	4.591	4.716	4.842	4.967	5.092	5.217
83	4.441	4.570	4.699	4.827	4.956	5.084	5.211	5.339
84	4.545	4.677	4.808	4.940	5.071	5.201	5.332	5.462
85	4.649	4.784	4.919	5.053	5.187	5.320	5.454	5.587
86	4.755	4.893	5.031	5.168	5.304	5.441	5.577	5.713
87	4.863	5.003	5.144	5.284	5.423	5.563	5.702	5.840
88	4.971	5.115	5.258	5.401	5.544	5.686	5.828	5.969
89	5.081	5.228	5.374	5.520	5.665	5.810	5.955	6.100
90	5.192	5.341	5.491	5.640	5.788	5.936	6.084	6.231

材积 /m³ ⟍ 检尺长/m — 检尺径/cm	7.0	7.2	7.4	7.6	7.8	8.0	8.2	8.4
91	5.304	5.456	5.609	5.761	5.912	6.063	6.214	6.365
92	5.417	5.573	5.728	5.883	6.038	6.192	6.346	6.499
93	5.531	5.690	5.849	6.007	6.165	6.322	6.479	6.635
94	5.647	5.809	5.971	6.132	6.293	6.453	6.613	6.773
95	5.764	5.929	6.094	6.259	6.422	6.586	6.749	6.911
96	5.882	6.050	6.219	6.386	6.553	6.720	6.886	7.052
97	6.001	6.173	6.344	6.515	6.685	6.855	7.024	7.193
98	6.121	6.297	6.471	6.645	6.819	6.992	7.164	7.336
99	6.243	6.422	6.600	6.777	6.954	7.130	7.305	7.481
100	6.366	6.548	6.729	6.910	7.090	7.269	7.448	7.626
101	6.490	6.675	6.860	7.044	7.227	7.410	7.592	7.774
102	6.615	6.804	6.992	7.179	7.366	7.552	7.737	7.922
103	6.741	6.933	7.125	7.316	7.506	7.695	7.884	8.072
104	6.869	7.065	7.260	7.454	7.647	7.840	8.032	8.224
105	6.998	7.197	7.395	7.593	7.790	7.986	8.182	8.377

材积/m³ 检尺长/m 检尺径/cm	7.0	7.2	7.4	7.6	7.8	8.0	8.2	8.4
106	7.128	7.330	7.532	7.733	7.934	8.134	8.333	8.531
107	7.259	7.465	7.671	7.875	8.079	8.282	8.485	8.687
108	7.391	7.601	7.810	8.018	8.226	8.433	8.638	8.844
109	7.525	7.738	7.951	8.163	8.374	8.584	8.794	9.002
110	7.659	7.877	8.093	8.308	8.523	8.737	8.950	9.162
111	7.795	8.016	8.236	8.455	8.674	8.891	9.108	9.324
112	7.932	8.157	8.381	8.604	8.826	9.047	9.267	9.486
113	8.071	8.299	8.527	8.753	8.979	9.203	9.427	9.650
114	8.210	8.443	8.674	8.904	9.133	9.362	9.589	9.816
115	8.351	8.587	8.822	9.056	9.289	9.521	9.753	9.983
116	8.493	8.733	8.972	9.210	9.446	9.682	9.917	10.151
117	8.636	8.880	9.123	9.364	9.605	9.845	10.083	10.321
118	8.780	9.028	9.275	9.520	9.765	10.008	10.251	10.492
119	8.926	9.178	9.428	9.678	9.926	10.173	10.419	10.665
120	9.073	9.328	9.583	9.836	10.088	10.339	10.590	10.839

材积/m³ 检尺长/m 检尺径/cm	8.6	8.8	9.0	9.2	9.4	9.6	9.8	10.0
4	0.0440	0.0460	0.0481	0.0503	0.0525	0.0547	0.0571	0.0594
5	0.0556	0.0580	0.0605	0.0630	0.0657	0.0683	0.0711	0.0739
6	0.0685	0.0713	0.0743	0.0770	0.0803	0.0834	0.0866	0.0899
7	0.0828	0.0861	0.0895	0.0929	0.0965	0.1000	0.1037	0.1075
8	0.098	0.102	0.106	0.110	0.114	0.118	0.122	0.127
9	0.115	0.120	0.124	0.129	0.133	0.138	0.143	0.147
10	0.134	0.139	0.144	0.149	0.154	0.159	0.164	0.170
11	0.153	0.159	0.164	0.170	0.176	0.182	0.188	0.194
12	0.174	0.180	0.187	0.193	0.199	0.206	0.212	0.219
13	0.213	0.221	0.229	0.237	0.245	0.253	0.262	0.271
14	0.239	0.247	0.256	0.264	0.273	0.282	0.292	0.301
15	0.266	0.275	0.284	0.294	0.303	0.313	0.323	0.333

材积/m³ 检尺长/m 检尺径/cm	8.6	8.8	9.0	9.2	9.4	9.6	9.8	10.0
16	0.294	0.304	0.314	0.324	0.335	0.345	0.356	0.367
17	0.324	0.334	0.345	0.356	0.368	0.379	0.391	0.403
18	0.355	0.366	0.378	0.390	0.402	0.414	0.427	0.440
19	0.387	0.400	0.413	0.425	0.438	0.451	0.465	0.478
20	0.422	0.435	0.448	0.462	0.476	0.490	0.504	0.519
21	0.457	0.471	0.486	0.500	0.515	0.530	0.545	0.561
22	0.494	0.509	0.525	0.540	0.556	0.572	0.588	0.604
23	0.532	0.549	0.565	0.581	0.598	0.615	0.632	0.650
24	0.572	0.589	0.607	0.624	0.642	0.660	0.678	0.697
25	0.614	0.632	0.650	0.669	0.687	0.706	0.726	0.745
26	0.656	0.676	0.695	0.715	0.734	0.754	0.775	0.795
27	0.700	0.721	0.741	0.762	0.783	0.804	0.825	0.847
28	0.746	0.767	0.789	0.811	0.833	0.855	0.878	0.900
29	0.793	0.816	0.838	0.861	0.885	0.908	0.932	0.956
30	0.842	0.865	0.889	0.913	0.938	0.962	0.987	1.012

原 木 材 积 表

材积 /m³ 检尺长 /m 检尺径 /cm	8.6	8.8	9.0	9.2	9.4	9.6	9.8	10.0
31	0.891	0.916	0.941	0.967	0.992	1.018	1.044	1.071
32	0.943	0.969	0.995	1.022	1.049	1.076	1.103	1.131
33	0.995	1.023	1.051	1.078	1.106	1.135	1.163	1.192
34	1.050	1.078	1.107	1.136	1.166	1.195	1.225	1.255
35	1.105	1.135	1.166	1.196	1.227	1.258	1.289	1.320
36	1.162	1.194	1.225	1.257	1.289	1.321	1.354	1.387
37	1.221	1.254	1.287	1.320	1.353	1.387	1.421	1.455
38	1.281	1.315	1.349	1.384	1.419	1.454	1.489	1.525
39	1.342	1.378	1.414	1.450	1.486	1.522	1.559	1.596
40	1.405	1.442	1.479	1.517	1.555	1.593	1.631	1.669
41	1.469	1.508	1.547	1.586	1.625	1.664	1.704	1.744
42	1.535	1.575	1.615	1.656	1.697	1.737	1.779	1.820
43	1.602	1.644	1.686	1.728	1.770	1.812	1.855	1.898
44	1.671	1.714	1.757	1.801	1.845	1.889	1.933	1.978
45	1.741	1.786	1.831	1.876	1.921	1.967	2.013	2.059

原 木 材 积 表

材积/m³ 检尺长/m 检尺径/cm	8.6	8.8	9.0	9.2	9.4	9.6	9.8	10.0
46	1.812	1.859	1.905	1.952	1.999	2.046	2.094	2.142
47	1.885	1.933	1.981	2.030	2.079	2.128	2.177	2.226
48	1.959	2.009	2.059	2.109	2.160	2.210	2.261	2.312
49	2.035	2.087	2.138	2.190	2.242	2.295	2.347	2.400
50	2.112	2.166	2.219	2.273	2.327	2.381	2.435	2.489
51	2.191	2.246	2.301	2.357	2.412	2.468	2.524	2.580
52	2.271	2.328	2.385	2.442	2.500	2.557	2.615	2.673
53	2.353	2.411	2.470	2.529	2.588	2.648	2.707	2.767
54	2.436	2.496	2.557	2.618	2.679	2.740	2.802	2.863
55	2.520	2.582	2.645	2.708	2.771	2.834	2.897	2.961
56	2.606	2.670	2.735	2.799	2.864	2.929	2.995	3.060
57	2.693	2.759	2.826	2.892	2.959	3.026	3.093	3.161
58	2.782	2.850	2.918	2.987	3.056	3.125	3.194	3.263
59	2.872	2.942	3.013	3.083	3.154	3.225	3.296	3.368
60	2.963	3.036	3.108	3.181	3.254	3.327	3.400	3.473

材积/m³ ＼ 检尺长/m ＼ 检尺径/cm	8.6	8.8	9.0	9.2	9.4	9.6	9.8	10.0
61	3.056	3.131	3.205	3.280	3.355	3.430	3.505	3.581
62	3.151	3.227	3.304	3.381	3.458	3.535	3.612	3.690
63	3.247	3.325	3.404	3.483	3.562	3.641	3.721	3.800
64	3.344	3.425	3.506	3.587	3.668	3.749	3.831	3.912
65	3.443	3.526	3.609	3.692	3.775	3.859	3.942	4.026
66	3.543	3.628	3.713	3.799	3.884	3.970	4.056	4.142
67	3.645	3.732	3.819	3.907	3.995	4.083	4.171	4.259
68	3.748	3.837	3.927	4.017	4.107	4.197	4.287	4.378
69	3.852	3.944	4.036	4.128	4.221	4.313	4.405	4.498
70	3.958	4.052	4.147	4.241	4.336	4.430	4.525	4.620
71	4.065	4.162	4.259	4.356	4.452	4.549	4.647	4.744
72	4.174	4.273	4.372	4.471	4.571	4.670	4.770	4.869
73	4.284	4.386	4.487	4.589	4.691	4.792	4.894	4.996
74	4.396	4.500	4.604	4.708	4.812	4.916	5.020	5.125
75	4.509	4.616	4.722	4.828	4.935	5.041	5.148	5.255

材积/m³ 检尺长/m 检尺径/cm	8.6	8.8	9.0	9.2	9.4	9.6	9.8	10.0
76	4.624	4.733	4.842	4.950	5.059	5.168	5.278	5.387
77	4.740	4.851	4.963	5.074	5.185	5.297	5.409	5.521
78	4.857	4.971	5.085	5.199	5.313	5.427	5.541	5.656
79	4.976	5.093	5.209	5.326	5.442	5.559	5.676	5.793
80	5.096	5.216	5.335	5.454	5.573	5.692	5.811	5.931
81	5.218	5.340	5.462	5.583	5.705	5.827	5.949	6.071
82	5.341	5.466	5.590	5.715	5.839	5.963	6.088	6.213
83	5.466	5.593	5.720	5.847	5.974	6.101	6.229	6.356
84	5.592	5.722	5.852	5.981	6.111	6.241	6.371	6.501
85	5.720	5.852	5.985	6.117	6.250	6.382	6.515	6.648
86	5.848	5.984	6.119	6.254	6.390	6.525	6.660	6.796
87	5.979	6.117	6.255	6.393	6.531	6.669	6.807	6.946
88	6.111	6.252	6.393	6.534	6.674	6.815	6.956	7.097
89	6.244	6.388	6.532	6.675	6.819	6.963	7.106	7.250
90	6.379	6.525	6.672	6.819	6.965	7.112	7.258	7.405

材积/m³ 检尺径/cm	检尺长/m 8.6	8.8	9.0	9.2	9.4	9.6	9.8	10.0
91	6.515	6.664	6.814	6.964	7.113	7.262	7.412	7.561
92	6.652	6.805	6.958	7.110	7.262	7.415	7.567	7.719
93	6.791	6.947	7.102	7.258	7.413	7.568	7.724	7.879
94	6.932	7.090	7.249	7.407	7.566	7.724	7.882	8.040
95	7.073	7.235	7.397	7.558	7.720	7.881	8.042	8.203
96	7.217	7.382	7.546	7.711	7.875	8.039	8.204	8.368
97	7.361	7.529	7.697	7.865	8.032	8.199	8.367	9.534
98	7.508	7.679	7.850	8.020	8.191	8.361	8.531	8.702
99	7.655	7.830	8.004	8.177	8.351	8.524	8.698	8.871
100	7.804	7.982	8.159	8.336	8.513	8.689	8.866	9.043
101	7.955	8.135	8.316	8.496	8.676	8.856	9.035	9.215
102	8.107	8.291	8.474	8.658	8.841	9.024	9.207	9.390
103	8.260	8.447	8.634	8.821	9.007	9.193	9.379	9.566
104	8.415	8.605	8.796	8.985	9.175	9.364	9.554	9.743
105	8.571	8.765	8.958	9.152	9.344	9.537	9.730	9.923

材积/m³ ＼ 检尺长/m 检尺径/cm	8.6	8.8	9.0	9.2	9.4	9.6	9.8	10.0
106	8.729	8.926	9.123	9.319	9.516	9.711	9.907	10.103
107	8.888	9.088	9.289	9.489	9.688	9.887	10.087	10.286
108	9.048	9.252	9.456	9.659	9.862	10.065	10.267	10.470
109	9.210	9.418	9.625	9.832	10.038	10.244	10.450	10.656
110	9.374	9.585	9.795	10.005	10.215	10.425	10.634	10.843
111	9.539	9.753	9.967	10.181	10.394	10.607	10.820	11.033
112	9.705	9.923	10.140	10.358	10.574	10.791	11.007	11.223
113	9.873	10.094	10.315	10.536	10.756	10.976	11.196	11.416
114	10.042	10.267	10.492	10.716	10.940	11.163	11.386	11.610
115	10.212	10.441	10.669	10.897	11.125	11.351	11.578	11.805
116	10.384	10.617	10.849	11.080	11.311	11.542	11.772	12.002
117	10.558	10.794	11.030	11.265	11.499	11.733	11.967	12.201
118	10.733	10.973	11.212	11.451	11.689	11.926	12.164	12.402
119	10.909	11.153	11.396	11.638	11.880	12.121	12.363	12.604
120	11.087	11.334	11.581	11.827	12.073	12.318	12.563	12.808

原 木 材 积 表

材积/m³ 检尺长/m 检尺径/cm	10.2	10.4	10.6	10.8	11.0	11.2	11.4	11.6	11.8
11	0.206	0.218	0.225	0.232	0.240	0.247	0.254	0.262	0.270
12	0.233	0.246	0.254	0.262	0.270	0.278	0.286	0.294	0.302
13	0.274	0.276	0.284	0.293	0.301	0.310	0.319	0.328	0.337
14	0.304	0.307	0.316	0.325	0.335	0.344	0.354	0.364	0.374
15	0.336	0.339	0.349	0.360	0.370	0.380	0.391	0.401	0.412
16	0.371	0.374	0.385	0.396	0.407	0.418	0.429	0.441	0.453
17	0.407	0.410	0.422	0.434	0.446	0.458	0.470	0.482	0.495
18	0.444	0.448	0.460	0.473	0.486	0.499	0.512	0.526	0.539
19	0.483	0.487	0.501	0.514	0.528	0.542	0.556	0.571	0.585
20	0.524	0.528	0.543	0.557	0.572	0.587	0.602	0.618	0.633
21	0.566	0.571	0.587	0.602	0.618	0.634	0.650	0.667	0.683
22	0.610	0.616	0.632	0.649	0.666	0.683	0.700	0.717	0.735
23	0.656	0.662	0.679	0.697	0.715	0.733	0.751	0.770	0.788
24	0.703	0.709	0.728	0.747	0.766	0.785	0.804	0.824	0.844
25	0.752	0.759	0.779	0.798	0.819	0.839	0.860	0.880	0.901

材积/m³　检尺长/m 检尺径/cm	10.2	10.4	10.6	10.8	11.0	11.2	11.4	11.6	11.8
26	0.803	0.810	0.831	0.852	0.873	0.895	0.916	0.938	0.961
27	0.855	0.863	0.885	0.907	0.930	0.952	0.975	0.998	1.022
28	0.909	0.917	0.940	0.964	0.988	1.012	1.036	1.060	1.085
29	0.965	0.973	0.998	1.022	1.047	1.073	1.098	1.124	1.150
30	1.022	1.031	1.057	1.083	1.109	1.136	1.162	1.189	1.217
31	1.081	1.090	1.117	1.145	1.172	1.200	1.228	1.257	1.285
32	1.141	1.151	1.180	1.209	1.238	1.267	1.296	1.326	1.356
33	1.203	1.214	1.244	1.274	1.304	1.335	1.366	1.397	1.428
34	1.267	1.278	1.310	1.341	1.373	1.405	1.437	1.470	1.503
35	1.333	1.345	1.377	1.410	1.443	1.477	1.511	1.545	1.579
36	1.400	1.412	1.446	1.481	1.516	1.551	1.586	1.621	1.657
37	1.469	1.482	1.517	1.553	1.590	1.626	1.603	1.700	1.737
38	1.539	1.553	1.590	1.627	1.665	1.703	1.742	1.780	1.819
39	1.611	1.625	1.664	1.703	1.743	1.782	1.822	1.863	1.903
40	1.685	1.700	1.740	1.781	1.822	1.863	1.905	1.947	1.989

材积/m³ 检尺长/m 检尺径/cm	10.2	10.4	10.6	10.8	11.0	11.2	11.4	11.6	11.8
41	1.760	1.776	1.818	1.860	1.903	1.946	1.989	2.033	2.076
42	1.837	1.854	1.897	1.941	1.986	2.030	2.075	2.120	2.166
43	1.916	1.933	1.978	2.024	2.070	2.116	2.163	2.210	2.257
44	1.996	2.014	2.061	2.108	2.156	2.204	2.253	2.301	2.351
45	2.078	2.097	2.146	2.195	2.244	2.294	2.344	2.395	2.446
46	2.162	2.181	2.232	2.283	2.334	2.386	2.438	2.490	2.543
47	2.247	2.267	2.320	2.372	2.426	2.479	2.533	2.587	2.642
48	2.334	2.355	2.409	2.464	2.519	2.574	2.630	2.686	2.743
49	2.422	2.444	2.500	2.557	2.614	2.671	2.729	2.787	2.845
50	2.512	2.535	2.593	2.652	2.711	2.770	2.829	2.889	2.950
51	2.604	2.628	2.688	2.748	2.809	2.870	2.932	2.994	3.056
52	2.698	2.722	2.784	2.847	2.910	2.973	3.036	3.100	3.165
53	2.793	2.818	2.882	2.947	3.012	3.077	3.142	3.209	3.275
54	2.890	2.916	2.982	3.049	3.115	3.183	3.250	3.319	3.387
55	2.988	3.015	3.083	3.152	3.221	3.290	3.360	3.430	3.501

原 木 材 积 表 续表

材积 /m³　检尺长 /m 检尺径 /cm	10.2	10.4	10.6	10.8	11.0	11.2	11.4	11.6	11.8
56	3.088	3.116	3.187	3.257	3.328	3.400	3.472	3.544	3.617
57	3.190	3.219	3.291	3.364	3.438	3.511	3.585	3.660	3.735
58	3.293	3.323	3.398	3.473	3.548	3.624	3.701	3.777	3.855
59	3.399	3.429	3.506	3.583	3.661	3.739	3.818	3.897	3.976
60	3.505	3.537	3.616	3.695	3.775	3.856	3.937	4.018	4.100
61	3.565	3.646	3.728	3.809	3.892	3.974	4.057	4.141	4.225
62	3.674	3.757	3.841	3.925	4.010	4.095	4.180	4.266	4.352
63	3.784	3.870	3.956	4.042	4.129	4.217	4.304	4.393	4.481
64	3.896	3.984	4.073	4.161	4.251	4.340	4.431	4.521	4.612
65	4.010	4.100	4.191	4.282	4.374	4.466	4.559	4.652	4.745
66	4.125	4.218	4.311	4.405	4.499	4.593	4.688	4.784	4.880
67	4.242	4.337	4.433	4.529	4.626	4.723	4.820	4.918	5.017
68	4.360	4.458	4.556	4.655	4.754	4.854	4.954	5.054	5.155
69	4.481	4.581	4.681	4.783	4.884	4.986	5.089	5.192	5.296
70	4.602	4.705	4.808	4.912	5.016	5.121	5.226	5.332	5.438

原 木 材 积 表 续表

材积/m³\检尺长/m\检尺径/cm	10.2	10.4	10.6	10.8	11.0	11.2	11.4	11.6	11.8
71	4.726	4.831	4.937	5.043	5.150	5.257	5.365	5.474	5.582
72	4.851	4.959	5.067	5.176	5.286	5.395	5.506	5.617	5.729
73	4.977	5.088	5.199	5.311	5.423	5.535	5.649	5.762	5.877
74	5.106	5.219	5.333	5.447	5.562	5.677	5.793	5.910	6.027
75	5.235	5.351	5.468	5.585	5.703	5.821	5.939	6.059	6.178
76	5.367	5.486	5.605	5.725	5.845	5.966	6.087	6.209	6.332
77	5.500	5.622	5.744	5.866	5.990	6.113	6.237	6.362	6.488
78	5.635	5.759	5.884	6.010	6.136	6.262	6.389	6.517	6.645
79	5.771	5.899	6.026	6.155	6.283	6.413	6.543	6.673	6.804
80	5.909	6.040	6.170	6.301	6.433	6.565	6.698	6.832	6.966
81	6.049	6.182	6.316	6.450	6.584	6.720	6.855	6.992	7.129
82	6.191	6.326	6.463	6.600	6.738	6.876	7.014	7.154	7.294
83	6.333	6.472	6.612	6.752	6.892	7.034	7.175	7.318	7.461
84	6.478	6.620	6.762	6.905	7.049	7.193	7.338	7.483	7.629
85	6.624	6.769	6.915	7.061	7.207	7.355	7.503	7.651	7.800

62

材积/m³ 检尺长/m 检尺径/cm	10.2	10.4	10.6	10.8	11.0	11.2	11.4	11.6	11.8
86	6.772	6.920	7.069	7.218	7.368	7.518	7.669	7.820	7.973
87	6.922	7.073	7.224	7.377	7.530	7.683	7.837	7.992	8.147
88	7.073	7.227	7.382	7.537	7.693	7.850	8.007	8.165	8.323
89	7.226	7.383	7.541	7.699	7.859	8.018	8.179	8.340	8.502
90	7.380	7.540	7.702	7.863	8.026	8.189	8.353	8.517	8.682
91	7.536	7.700	7.864	8.029	8.195	8.361	8.528	8.696	8.864
92	7.694	7.861	8.028	8.197	8.365	8.535	8.705	8.876	9.048
93	7.853	8.023	8.194	8.366	8.538	8.711	8.884	9.059	9.233
94	8.014	8.187	8.362	8.537	8.712	8.888	9.065	9.243	9.421
95	8.176	8.353	8.531	8.709	8.888	9.068	9.248	9.429	9.611
96	8.341	8.521	8.702	8.884	9.006	9.249	9.433	9.617	9.802
97	8.506	8.690	8.875	9.060	9.246	9.432	9.619	9.807	9.995
98	8.674	8.861	9.049	9.238	9.427	9.617	9.807	9.999	10.191
99	8.843	9.034	9.225	9.417	9.610	9.803	9.997	10.192	10.388
100	9.014	9.208	9.403	9.598	9.795	9.992	10.189	10.388	10.587

原木材积表

材积/m³ 检尺长/m 检尺径/cm	10.2	10.4	10.6	10.8	11.0	11.2	11.4	11.6	11.8
101	9.186	9.384	9.582	9.781	9.981	10.182	10.383	10.585	10.788
102	9.360	9.561	9.763	9.966	10.170	10.374	10.579	10.784	10.990
103	9.535	9.740	9.946	10.152	10.360	10.567	10.776	10.985	11.195
104	9.713	9.921	10.131	10.341	10.551	10.763	10.975	11.188	11.402
105	9.892	10.104	10.317	10.531	10.745	10.960	11.176	11.393	11.610
106	10.072	10.288	10.505	10.722	10.940	11.159	11.379	11.599	11.820
107	10.254	10.474	10.694	10.916	11.138	11.360	11.584	11.808	12.033
108	10.438	10.661	10.886	11.111	11.336	11.563	11.790	12.018	12.247
109	10.623	10.851	11.079	11.307	11.537	11.767	11.998	12.230	12.463
110	10.810	11.042	11.273	11.506	11.739	11.974	12.208	12.444	12.681
111	10.999	11.234	11.470	11.706	11.944	12.182	12.420	12.660	12.900
112	11.189	11.428	11.668	11.908	12.150	12.391	12.634	12.878	13.122
113	11.381	11.624	11.868	12.112	12.357	12.603	12.850	13.097	13.346
114	11.575	11.822	12.069	12.317	12.567	12.817	13.067	13.319	13.571
115	11.770	12.021	12.272	12.525	12.778	13.032	13.286	13.542	13.798

材积/m³ 检尺长/m 检尺径/cm	10.2	10.4	10.6	10.8	11.0	11.2	11.4	11.6	11.8
116	11.967	12.222	12.477	12.734	12.991	13.249	13.508	13.767	14.027
117	12.165	12.424	12.684	12.944	13.206	13.468	13.730	13.994	14.259
118	12.365	12.628	12.829	13.157	13.422	13.688	13.955	14.223	14.492
119	12.567	12.834	13.102	13.371	13.640	13.911	14.182	14.454	14.726
120	12.770	13.042	13.314	13.587	13.860	14.135	14.410	14.686	14.963

原 木 材 积 表   续表

材积/m³ 检尺长/m 检尺径/cm	12.0	12.2	12.4	12.6	12.8	13.0	13.2	13.4	13.6
11	0.277	0.285	0.293	0.302	0.310	0.319	0.327	0.336	0.345
12	0.311	0.320	0.329	0.338	0.347	0.356	0.365	0.375	0.385
13	0.347	0.356	0.366	0.375	0.385	0.395	0.406	0.416	0.427
14	0.384	0.394	0.405	0.415	0.426	0.437	0.448	0.459	0.471
15	0.423	0.435	0.446	0.457	0.469	0.481	0.493	0.505	0.517
16	0.465	0.477	0.489	0.501	0.514	0.527	0.539	0.552	0.566
17	0.508	0.521	0.534	0.547	0.561	0.574	0.588	0.602	0.616
18	0.553	0.567	0.581	0.595	0.610	0.624	0.639	0.654	0.669
19	0.600	0.615	0.630	0.645	0.661	0.676	0.692	0.708	0.724
20	0.649	0.665	0.681	0.697	0.714	0.730	0.747	0.764	0.781
21	0.700	0.717	0.734	0.751	0.769	0.787	0.804	0.823	0.841
22	0.753	0.771	0.789	0.807	0.826	0.845	0.864	0.883	0.902
23	0.807	0.826	0.846	0.865	0.885	0.905	0.925	0.946	0.966
24	0.864	0.884	0.905	0.925	0.946	0.967	0.989	1.010	1.032
25	0.923	0.944	0.966	0.988	1.010	1.032	1.054	1.077	1.100

材积/m³ 检尺径/cm	检尺长/m 12.0	12.2	12.4	12.6	12.8	13.0	13.2	13.4	13.6
26	0.983	1.006	1.029	1.052	1.075	1.099	1.122	1.146	1.171
27	1.045	1.069	1.093	1.118	1.142	1.167	1.192	1.217	1.243
28	1.110	1.135	1.160	1.186	1.212	1.238	1.264	1.291	1.318
29	1.176	1.202	1.229	1.256	1.283	1.311	1.338	1.366	1.394
30	1.244	1.272	1.300	1.328	1.357	1.386	1.415	1.444	1.473
31	1.314	1.343	1.373	1.402	1.432	1.463	1.493	1.524	1.555
32	1.386	1.417	1.448	1.479	1.510	1.542	1.573	1.606	1.638
33	1.460	1.492	1.524	1.557	1.590	1.623	1.656	1.690	1.723
34	1.536	1.569	1.603	1.637	1.671	1.706	1.741	1.776	1.811
35	1.614	1.649	1.684	1.719	1.755	1.791	1.827	1.864	1.901
36	1.693	1.730	1.767	1.804	1.841	1.879	1.916	1.955	1.993
37	1.775	1.813	1.851	1.890	1.929	1.968	2.007	2.047	2.087
38	1.859	1.898	1.938	1.978	2.019	2.059	2.101	2.142	2.184
39	1.944	1.985	2.027	2.069	2.111	2.153	2.196	2.239	2.282
40	2.031	2.074	2.117	2.161	2.205	2.249	2.293	2.338	2.383

材积/m³　检尺长/m　检尺径/cm	12.0	12.2	12.4	12.6	12.8	13.0	13.2	13.4	13.6
41	2.121	2.165	2.210	2.255	2.301	2.347	2.393	2.439	2.486
42	2.212	2.258	2.305	2.352	2.399	2.446	2.494	2.542	2.591
43	2.305	2.353	2.401	2.450	2.499	2.548	2.598	2.648	2.698
44	2.400	2.450	2.500	2.550	2.601	2.652	2.704	2.756	2.808
45	2.497	2.549	2.600	2.653	2.705	2.758	2.812	2.865	2.919
46	2.596	2.649	2.703	2.757	2.812	2.867	2.922	2.977	3.033
47	2.697	2.752	2.808	2.864	2.920	2.977	3.034	3.091	3.149
48	2.799	2.857	2.914	2.972	3.030	3.089	3.148	3.208	3.267
49	2.904	2.963	3.023	3.083	3.143	3.203	3.264	3.326	3.388
50	3.011	3.072	3.133	3.195	3.257	3.320	3.383	3.446	3.510
51	3.119	3.182	3.246	3.310	3.374	3.439	3.504	3.569	3.635
52	3.229	3.295	3.360	3.426	3.492	3.559	3.626	3.694	3.762
53	3.342	3.409	3.477	3.545	3.613	3.682	3.751	3.821	3.891
54	3.456	3.525	3.595	3.665	3.736	3.807	3.878	3.950	4.022
55	3.572	3.644	3.715	3.788	3.860	3.934	4.007	4.081	4.155

材积/m³ 检尺径/cm	检尺长/m 12.0	12.2	12.4	12.6	12.8	13.0	13.2	13.4	13.6
56	3.690	3.764	3.838	3.912	3.987	4.063	4.138	4.214	4.291
57	3.810	3.886	3.962	4.039	4.116	4.194	4.271	4.350	4.429
58	3.932	4.010	4.089	4.168	4.247	4.327	4.407	4.487	4.569
59	4.056	4.136	4.217	4.298	4.380	4.462	4.544	4.627	4.711
60	4.182	4.264	4.347	4.431	4.515	4.599	4.684	4.769	4.855
61	4.309	4.394	4.480	4.566	4.652	4.739	4.826	4.913	5.001
62	4.439	4.526	4.614	4.702	4.791	4.880	4.969	5.060	5.150
63	4.571	4.660	4.750	4.841	4.932	5.023	5.115	5.208	5.301
64	4.704	4.796	4.889	4.982	5.075	5.169	5.263	5.358	5.454
65	4.839	4.934	5.029	5.124	5.220	5.317	5.414	5.511	5.609
66	4.977	5.074	5.171	5.269	5.368	5.466	5.566	5.666	5.766
67	5.116	5.215	5.315	5.416	5.517	5.618	5.720	5.823	5.926
68	5.257	5.359	5.462	5.565	5.668	5.772	5.877	5.982	6.087
69	5.400	5.505	5.610	5.715	5.822	5.928	6.035	6.143	6.251
70	5.545	5.652	5.760	5.868	5.977	6.086	6.196	6.306	6.417

材积/m³　检尺长/m　检尺径/cm	12.0	12.2	12.4	12.6	12.8	13.0	13.2	13.4	13.6
71	5.692	5.802	5.912	6.023	6.135	6.247	6.359	6.472	6.585
72	5.841	5.953	6.066	6.180	6.294	6.409	6.524	6.640	6.756
73	5.991	6.107	6.222	6.339	6.456	6.573	6.691	6.809	6.928
74	6.144	6.262	6.381	6.500	6.619	6.739	6.860	6.981	7.103
75	6.299	6.419	6.541	6.663	6.785	6.908	7.031	7.155	7.280
76	6.455	6.579	6.703	6.827	6.953	7.079	7.205	7.332	7.459
77	6.613	6.740	6.867	6.994	7.122	7.251	7.380	7.510	7.640
78	6.774	6.903	7.033	7.163	7.294	7.426	7.558	7.691	7.824
79	6.936	7.068	7.201	7.334	7.468	7.603	7.738	7.873	8.009
80	7.100	7.235	7.371	7.507	7.644	7.782	7.920	8.058	8.197
81	7.266	7.404	7.543	7.682	7.822	7.963	8.103	8.245	8.387
82	7.434	7.575	7.717	7.859	8.002	8.146	8.290	8.434	8.579
83	7.604	7.748	7.893	8.038	8.184	8.331	8.478	8.625	8.774
84	7.776	7.923	8.071	8.219	8.368	8.518	8.668	8.819	8.970
85	7.950	8.100	8.251	8.402	8.554	8.707	8.860	9.014	9.169

材积/m³　检尺长/m　检尺径/cm	12.0	12.2	12.4	12.6	12.8	13.0	13.2	13.4	13.6
86	8.125	8.279	8.433	8.587	8.743	8.899	9.055	9.212	9.370
87	8.303	8.460	8.617	8.775	8.933	9.092	9.252	9.412	9.573
88	8.483	8.642	8.803	8.964	9.125	9.287	9.450	9.614	9.778
89	8.664	8.827	8.991	9.155	9.320	9.485	9.651	9.818	9.985
90	8.847	9.014	9.180	9.348	9.516	9.685	9.854	10.024	10.195
91	9.033	9.202	9.372	9.543	9.714	9.887	10.059	10.233	10.407
92	9.220	9.393	9.566	9.740	9.915	10.090	10.266	10.443	10.620
93	9.409	9.585	9.762	9.939	10.117	10.296	10.476	10.656	10.837
94	9.600	9.780	9.960	10.141	10.322	10.504	10.687	10.871	11.055
95	9.793	9.976	10.160	10.344	10.529	10.714	10.901	11.088	11.275
96	9.988	10.174	10.361	10.549	10.737	10.926	11.116	11.307	11.498
97	10.185	10.374	10.565	10.756	10.948	11.141	11.334	11.528	11.723
98	10.383	10.577	10.771	10.966	11.161	11.357	11.554	11.751	11.950
99	10.584	10.781	10.979	11.177	11.376	11.575	11.776	11.977	12.179
100	10.787	10.987	11.188	11.390	11.593	11.796	12.000	12.205	12.410

材积/m³　检尺长/m	12.0	12.2	12.4	12.6	12.8	13.0	13.2	13.4	13.6
检尺径/cm									
101	10.991	11.195	11.400	11.605	11.812	12.019	12.226	12.434	12.643
102	11.197	11.405	11.614	11.823	12.033	12.243	12.454	12.666	12.879
103	11.406	11.617	11.829	12.042	12.256	12.470	12.685	12.901	13.117
104	11.616	11.831	12.047	12.263	12.481	12.699	12.917	13.137	13.357
105	11.828	12.047	12.267	12.487	12.708	12.930	13.152	13.375	13.599
106	12.042	12.265	12.488	12.712	12.937	13.163	13.389	13.616	13.844
107	12.258	12.485	12.712	12.940	13.168	13.398	13.628	13.858	14.090
108	12.476	12.706	12.937	13.169	13.401	13.635	13.869	14.103	14.339
109	12.696	12.930	13.165	13.400	13.637	13.874	14.112	14.350	14.590
110	12.918	13.156	13.394	13.634	13.874	14.115	14.357	14.599	14.843
111	13.141	13.383	13.626	13.869	14.114	14.359	14.604	14.851	15.098
112	13.367	13.613	13.859	14.107	14.355	14.604	14.854	15.104	15.355
113	13.595	13.844	14.095	14.346	14.599	14.851	15.105	15.360	15.615
114	13.824	14.078	14.332	14.588	14.844	15.101	15.359	15.617	15.877
115	14.055	14.313	14.572	14.831	15.092	15.353	15.615	15.877	16.141

原 木 材 积 表

材积/m³ \ 检尺长/m 检尺径/cm	12.0	12.2	12.4	12.6	12.8	13.0	13.2	13.4	13.6
116	14.289	14.551	14.813	15.077	15.341	15.607	15.872	16.139	16.407
117	14.524	14.790	15.057	15.325	15.593	15.862	16.132	16.403	16.675
118	14.761	15.031	15.302	15.574	15.847	16.120	16.395	16.670	16.946
119	15.000	15.274	15.550	15.826	16.103	16.380	16.659	16.938	17.218
120	15.241	15.520	15.799	16.079	16.360	16.642	16.925	17.209	17.493

材积/m³ ⟍ 检尺长/m ⟍ 检尺径/cm	13.8	14.0	14.2	14.4	14.6	14.8	15.0	15.2
11	0.354	0.363	0.372	0.382	0.391	0.401	0.411	0.421
12	0.394	0.404	0.414	0.425	0.435	0.446	0.456	0.467
13	0.437	0.448	0.459	0.470	0.481	0.493	0.504	0.516
14	0.482	0.494	0.506	0.518	0.530	0.542	0.555	0.567
15	0.529	0.542	0.555	0.568	0.581	0.594	0.608	0.621
16	0.579	0.592	0.606	0.620	0.634	0.648	0.663	0.677
17	0.631	0.645	0.660	0.675	0.690	0.705	0.720	0.736
18	0.684	0.700	0.716	0.732	0.748	0.764	0.780	0.797
19	0.741	0.757	0.774	0.791	0.808	0.825	0.843	0.860
20	0.799	0.816	0.834	0.852	0.870	0.889	0.908	0.926
21	0.859	0.878	0.897	0.916	0.935	0.955	0.975	0.995
22	0.922	0.942	0.962	0.982	1.003	1.023	1.044	1.065
23	0.987	1.008	1.029	1.051	1.072	1.094	1.116	1.139
24	1.054	1.076	1.099	1.121	1.144	1.167	1.191	1.214
25	1.123	1.147	1.171	1.194	1.219	1.243	1.268	1.292

材积/m³ 检尺长/m 检尺径/cm	13.8	14.0	14.2	14.4	14.6	14.8	15.0	15.2
26	1.195	1.220	1.245	1.270	1.295	1.321	1.347	1.373
27	1.269	1.295	1.321	1.347	1.374	1.401	1.428	1.456
28	1.345	1.372	1.400	1.427	1.455	1.484	1.512	1.541
29	1.423	1.452	1.480	1.510	1.539	1.569	1.599	1.629
30	1.503	1.533	1.564	1.594	1.625	1.656	1.688	1.719
31	1.586	1.617	1.649	1.681	1.713	1.746	1.779	1.812
32	1.671	1.704	1.737	1.770	1.804	1.838	1.872	1.907
33	1.758	1.792	1.827	1.862	1.897	1.932	1.968	2.004
34	1.847	1.883	1.919	1.955	1.992	2.029	2.067	2.104
35	1.938	1.976	2.013	2.052	2.090	2.129	2.168	2.207
36	2.032	2.071	2.110	2.150	2.190	2.230	2.271	2.312
37	2.128	2.168	2.209	2.251	2.292	2.334	2.376	2.419
38	2.226	2.268	2.311	2.354	2.397	2.440	2.484	2.529
39	2.326	2.370	2.414	2.459	2.504	2.549	2.595	2.641
40	2.428	2.474	2.520	2.566	2.613	2.660	2.708	2.755

原 木 材 积 表

材积 /m³ 检尺长 /m 检尺径 /cm	13.8	14.0	14.2	14.4	14.6	14.8	15.0	15.2
41	2.533	2.580	2.628	2.676	2.725	2.774	2.823	2.872
42	2.640	2.689	2.739	2.789	2.839	2.889	2.940	2.992
43	2.749	2.800	2.851	2.903	2.955	3.008	3.060	3.113
44	2.860	2.913	2.966	3.020	3.074	3.128	3.183	3.238
45	2.974	3.028	3.084	3.139	3.195	3.251	3.308	3.364
46	3.089	3.146	3.203	3.260	3.318	3.376	3.435	3.494
47	3.207	3.266	3.325	3.384	3.444	3.504	3.564	3.625
48	3.327	3.388	3.449	3.510	3.572	3.634	3.696	3.759
49	3.450	3.512	3.575	3.639	3.702	3.766	3.831	3.896
50	3.574	3.639	3.704	3.769	3.835	3.901	3.968	4.034
51	3.701	3.768	3.835	3.902	3.970	4.038	4.107	4.176
52	3.830	3.899	3.968	4.037	4.107	4.178	4.248	4.319
53	3.961	4.032	4.103	4.175	4.247	4.319	4.392	4.466
54	4.095	4.168	4.241	4.315	4.389	4.464	4.539	4.614
55	4.230	4.305	4.381	4.457	4.533	4.610	4.688	4.765

材积/m³ 检尺长/m　检尺径/cm	13.8	14.0	14.2	14.4	14.6	14.8	15.0	15.2
56	4.368	4.445	4.523	4.601	4.680	4.759	4.839	4.919
57	4.508	4.588	4.668	4.748	4.829	4.910	4.992	5.075
58	4.650	4.732	4.814	4.897	4.980	5.064	5.148	5.233
59	4.794	4.879	4.963	5.049	5.134	5.220	5.307	5.394
60	4.941	5.028	5.115	5.202	5.290	5.379	5.468	5.557
61	5.090	5.179	5.268	5.358	5.449	5.539	5.631	5.722
62	5.241	5.332	5.424	5.517	5.609	5.703	5.796	5.890
63	5.394	5.488	5.582	5.677	5.772	5.868	5.964	6.061
64	5.550	5.646	5.743	5.840	5.938	6.036	6.135	6.234
65	5.707	5.806	5.905	6.005	6.105	6.206	6.308	6.409
66	5.867	5.968	6.070	6.173	6.276	6.379	6.483	6.587
67	6.029	6.133	6.238	6.342	6.448	6.554	6.660	6.767
68	6.193	6.300	6.407	6.515	6.623	6.731	6.840	6.950
69	6.360	6.469	6.579	6.689	6.800	6.911	7.023	7.135
70	6.529	6.640	6.753	6.866	6.979	7.093	7.208	7.322

材积/m³　检尺长/m 检尺径/cm	13.8	14.0	14.2	14.4	14.6	14.8	15.0	15.2
71	6.700	6.814	6.929	7.045	7.161	7.278	7.395	7.512
72	6.873	6.990	7.108	7.226	7.345	7.464	7.584	7.705
73	7.048	7.168	7.289	7.410	7.531	7.654	7.776	7.900
74	7.225	7.348	7.472	7.596	7.720	7.845	7.971	8.097
75	7.405	7.531	7.657	7.784	7.911	8.039	8.168	8.296
76	7.587	7.716	7.845	7.974	8.105	8.235	8.367	8.499
77	7.771	7.903	8.035	8.167	8.300	8.434	8.568	8.703
78	7.958	8.092	8.227	8.362	8.498	8.635	8.772	8.910
79	8.146	8.284	8.421	8.560	8.699	8.839	8.979	9.119
80	8.337	8.477	8.618	8.760	8.902	9.044	9.188	9.331
81	8.530	8.673	8.817	8.962	9.107	9.252	9.399	9.546
82	8.725	8.872	9.018	9.166	9.314	9.463	9.612	9.762
83	8.923	9.072	9.222	9.373	9.524	9.676	9.828	9.981
84	9.122	9.275	9.428	9.582	9.736	9.891	10.047	10.203
85	9.324	9.480	9.636	9.793	9.951	10.109	10.268	10.427

材积 /m³　检尺长 /m　　　检尺径 /cm	13.8	14.0	14.2	14.4	14.6	14.8	15.0	15.2
86	9.528	9.687	9.846	10.007	10.167	10.329	10.491	10.653
87	9.734	9.896	10.059	10.222	10.386	10.551	10.716	10.882
88	9.943	10.108	10.274	10.441	10.608	10.776	10.944	11.113
89	10.153	10.322	10.491	10.661	10.832	11.003	11.175	11.347
90	10.366	10.538	10.711	10.884	11.058	11.232	11.408	11.583
91	10.581	10.756	10.932	11.109	11.286	11.464	11.643	11.822
92	10.798	10.977	11.156	11.336	11.517	11.698	11.880	12.063
93	11.018	11.200	11.383	11.566	11.750	11.935	12.120	12.306
94	11.240	11.425	11.611	11.798	11.986	12.174	12.363	12.552
95	11.464	11.652	11.842	12.032	12.223	12.415	12.608	12.801
96	11.690	11.882	12.075	12.269	12.464	12.659	12.855	13.051
97	11.918	12.114	12.311	12.508	12.706	12.905	13.104	13.304
98	12.148	12.348	12.548	12.749	12.951	13.153	13.356	13.560
99	12.381	12.584	12.788	12.993	13.198	13.404	13.611	13.818
100	12.616	12.823	13.030	13.239	13.448	13.657	13.868	14.079

材积/m³　检尺长/m　检尺径/cm	13.8	14.0	14.2	14.4	14.6	14.8	15.0	15.2
101	12.853	13.064	13.275	13.487	13.699	13.913	14.127	14.341
102	13.093	13.307	13.522	13.737	13.954	14.171	14.388	14.607
103	13.334	13.552	13.771	13.990	14.210	14.431	14.652	14.875
104	13.578	13.800	14.022	14.245	14.469	14.693	14.919	15.145
105	13.824	14.049	14.275	14.502	14.730	14.958	15.188	15.417
106	14.072	14.301	14.531	14.762	14.993	15.226	15.459	15.692
107	14.322	14.556	14.789	15.024	15.259	15.495	15.732	15.970
108	14.575	14.812	15.050	15.288	15.527	15.768	16.008	16.250
109	14.830	15.071	15.312	15.555	15.798	16.042	16.287	16.532
110	15.087	15.332	15.577	15.824	16.071	16.319	16.568	16.817
111	15.346	15.595	15.844	16.095	16.346	16.598	16.851	17.104
112	15.607	15.860	16.114	16.368	16.624	16.880	17.136	17.394
113	15.871	16.128	16.386	16.644	16.903	17.163	17.424	17.686
114	16.137	16.398	16.660	16.922	17.186	17.450	17.715	17.980
115	16.405	16.670	16.936	17.203	17.470	17.738	18.008	18.277

材积 /m³　检尺长 /m　　检尺径 /cm	13.8	14.0	14.2	14.4	14.6	14.8	15.0	15.2
116	16.675	16.944	17.215	17.485	17.757	18.029	18.303	18.577
117	16.948	17.221	17.495	17.770	18.046	18.323	18.600	18.879
118	17.222	17.500	17.778	18.058	18.338	18.619	18.900	19.183
119	17.499	17.781	18.064	18.347	18.632	18.917	19.203	19.490
120	17.778	18.064	18.351	18.639	18.928	19.217	19.508	19.799

材积 /m³ 检尺长 /m 检尺径 /cm	15.4	15.6	15.8	16.0	16.2	16.4	16.6	16.8
11	0.431	0.441	0.452	0.462	0.473	0.484	0.495	0.506
12	0.478	0.489	0.501	0.512	0.524	0.535	0.547	0.559
13	0.528	0.540	0.552	0.564	0.577	0.590	0.603	0.615
14	0.580	0.593	0.606	0.620	0.633	0.647	0.660	0.674
15	0.635	0.649	0.663	0.677	0.692	0.706	0.721	0.736
16	0.692	0.707	0.722	0.737	0.753	0.768	0.784	0.800
17	0.752	0.768	0.784	0.800	0.816	0.833	0.850	0.867
18	0.814	0.831	0.848	0.865	0.883	0.901	0.919	0.937
19	0.878	0.896	0.915	0.933	0.952	0.971	0.990	1.009
20	0.945	0.965	0.984	1.004	1.023	1.043	1.064	1.084
21	1.015	1.035	1.056	1.076	1.097	1.119	1.140	1.162
22	1.087	1.108	1.130	1.152	1.174	1.197	1.219	1.242
23	1.161	1.184	1.207	1.230	1.254	1.277	1.301	1.325
24	1.238	1.262	1.286	1.311	1.335	1.360	1.385	1.411
25	1.317	1.343	1.368	1.394	1.420	1.446	1.473	1.499

原 木 材 积 表

材积/m³　　　检尺长/m 检尺径/cm	15.4	15.6	15.8	16.0	16.2	16.4	16.6	16.8
26	1.399	1.426	1.453	1.480	1.507	1.535	1.562	1.590
27	1.483	1.511	1.540	1.568	1.597	1.626	1.655	1.684
28	1.570	1.599	1.629	1.659	1.689	1.719	1.750	1.781
29	1.659	1.690	1.721	1.752	1.784	1.816	1.848	1.880
30	1.751	1.783	1.816	1.848	1.881	1.915	1.948	1.982
31	1.845	1.879	1.913	1.947	1.981	2.016	2.051	2.086
32	1.942	1.977	2.012	2.048	2.084	2.120	2.157	2.194
33	2.041	2.077	2.114	2.152	2.189	2.227	2.265	2.304
34	2.142	2.181	2.219	2.258	2.297	2.336	2.376	2.416
35	2.246	2.286	2.326	2.367	2.407	2.449	2.490	2.532
36	2.353	2.394	2.436	2.478	2.520	2.563	2.606	2.650
37	2.462	2.505	2.548	2.592	2.636	2.680	2.725	2.770
38	2.573	2.618	2.663	2.708	2.754	2.800	2.847	2.894
39	2.687	2.733	2.780	2.828	2.875	2.923	2.971	3.020
40	2.803	2.851	2.900	2.949	2.998	3.048	3.098	3.148

材积 /m³　检尺长 /m 检尺径 /cm	15.4	15.6	15.8	16.0	16.2	16.4	16.6	16.8
41	2.922	2.972	3.022	3.073	3.124	3.176	3.228	3.280
42	3.043	3.095	3.147	3.200	3.253	3.306	3.360	3.414
43	3.167	3.221	3.275	3.329	3.384	3.439	3.495	3.551
44	3.293	3.349	3.405	3.461	3.518	3.575	3.632	3.690
45	3.422	3.479	3.537	3.596	3.654	3.713	3.773	3.832
46	3.553	3.612	3.672	3.732	3.793	3.854	3.916	3.977
47	3.686	3.748	3.810	3.872	3.935	3.998	4.061	4.125
48	3.822	3.886	3.950	4.014	4.079	4.144	4.209	4.275
49	3.961	4.026	4.092	4.159	4.225	4.293	4.360	4.428
50	4.102	4.169	4.237	4.306	4.375	4.444	4.514	4.584
51	4.245	4.315	4.385	4.456	4.527	4.598	4.670	4.742
52	4.391	4.463	4.535	4.608	4.681	4.755	4.829	4.903
53	4.539	4.613	4.688	4.763	4.838	4.914	4.990	5.067
54	4.690	4.766	4.843	4.920	4.998	5.076	5.154	5.233
55	4.843	4.922	5.001	5.080	5.160	5.240	5.321	5.402

材积 /m³　检尺长/m 检尺径/cm	15.4	15.6	15.8	16.0	16.2	16.4	16.6	16.8
56	4.999	5.080	5.161	5.243	5.325	5.408	5.491	5.574
57	5.157	5.240	5.324	5.408	5.492	5.577	5.663	5.749
58	5.318	5.403	5.489	5.576	5.662	5.750	5.837	5.926
59	5.481	5.569	5.657	5.746	5.835	5.925	6.015	6.105
60	5.647	5.737	5.828	5.919	6.010	6.102	6.195	6.288
61	5.815	5.907	6.000	6.094	6.188	6.283	6.378	6.473
62	5.985	6.080	6.176	6.272	6.369	6.466	6.563	6.661
63	6.158	6.256	6.354	6.452	6.552	6.651	6.751	6.852
64	6.334	6.434	6.534	6.636	6.737	6.839	6.942	7.045
65	6.511	6.614	6.717	6.821	6.925	7.030	7.135	7.241
66	6.692	6.797	6.903	7.009	7.116	7.223	7.331	7.440
67	6.875	6.983	7.091	7.200	7.309	7.419	7.530	7.641
68	7.060	7.171	7.282	7.393	7.505	7.618	7.731	7.845
69	7.248	7.361	7.475	7.589	7.704	7.819	7.935	8.052
70	7.438	7.554	7.670	7.788	7.905	8.023	8.142	8.261

材积/m³ ＼ 检尺长/m 　 检尺径/cm	15.4	15.6	15.8	16.0	16.2	16.4	16.6	16.8
71	7.631	7.749	7.869	7.988	8.109	8.230	8.351	8.473
72	7.826	7.947	8.069	8.192	8.315	8.439	8.563	8.688
73	8.023	8.148	8.273	8.398	8.524	8.651	8.778	8.905
74	8.223	8.351	8.478	8.607	8.736	8.865	8.995	9.125
75	8.426	8.556	8.687	8.818	8.950	9.082	9.215	9.348
76	8.631	8.764	8.898	9.032	9.166	9.302	9.437	9.574
77	8.838	8.974	9.111	9.248	9.386	9.524	9.663	9.802
78	9.048	9.187	9.327	9.467	9.608	9.749	9.891	10.033
79	9.261	9.403	9.545	9.688	9.832	9.976	10.121	10.266
80	9.476	9.621	9.766	9.912	10.059	10.206	10.354	10.503
81	9.693	9.841	9.990	10.139	10.289	10.439	10.590	10.742
82	9.913	10.064	10.216	10.368	10.521	10.674	10.829	10.983
83	10.135	10.289	10.444	10.600	10.756	10.912	11.070	11.228
84	10.360	10.517	10.675	10.834	10.993	11.153	11.314	11.475
85	10.587	10.748	10.909	11.071	11.233	11.396	11.560	11.724

原 木 材 积 表　　　　　　　　　　续表

材积/m³ 检尺径/cm＼检尺长/m	15.4	15.6	15.8	16.0	16.2	16.4	16.6	16.8
86	10.817	10.980	11.145	11.310	11.476	11.642	11.809	11.977
87	11.049	11.216	11.384	11.552	11.721	11.891	12.061	12.232
88	11.283	11.454	11.625	11.796	11.969	12.142	12.315	12.490
89	11.520	11.694	11.868	12.044	12.219	12.396	12.573	12.750
90	11.760	11.937	12.115	12.293	12.472	12.652	12.832	13.013
91	12.002	12.182	12.363	12.545	12.728	12.911	13.095	13.279
92	12.246	12.430	12.615	12.800	12.986	13.173	13.360	13.548
93	12.493	12.680	12.869	13.057	13.247	13.437	13.628	13.819
94	12.742	12.933	13.125	13.317	13.510	13.704	13.898	14.093
95	12.994	13.189	13.384	13.580	13.776	13.973	14.171	14.369
96	13.249	13.447	13.645	13.844	14.045	14.245	14.447	14.649
97	13.505	13.707	13.909	14.112	14.316	14.520	14.725	14.931
98	13.765	13.970	14.176	14.382	14.589	14.797	15.006	15.215
99	14.026	14.235	14.444	14.655	14.866	15.077	15.290	15.503
100	14.290	14.503	14.716	14.930	15.145	15.360	15.576	15.793

材积/m³ 检尺长/m 检尺径/cm	15.4	15.6	15.8	16.0	16.2	16.4	16.6	16.8
101	14.557	14.773	14.990	15.208	15.426	15.645	15.865	16.085
102	14.826	15.046	15.267	15.488	15.710	15.933	16.157	16.381
103	15.098	15.321	15.546	15.771	15.997	16.223	16.451	16.679
104	15.372	15.599	15.827	16.056	16.286	16.517	16.748	16.980
105	15.648	15.879	16.111	16.344	16.578	16.812	17.047	17.283
106	15.927	16.162	16.398	16.635	16.872	17.111	17.350	17.589
107	16.208	16.447	16.687	16.928	17.169	17.412	17.655	17.898
108	16.492	16.735	16.979	17.224	17.469	17.715	17.962	18.210
109	16.778	17.026	17.273	17.522	17.771	18.021	18.272	18.524
110	17.067	17.318	17.570	17.823	18.076	18.330	18.585	18.841
111	17.358	17.614	17.869	18.126	18.384	18.642	18.901	19.161
112	17.652	17.911	18.171	18.432	18.694	18.956	19.219	19.483
113	17.948	18.212	18.476	18.740	19.006	19.273	19.540	19.808
114	18.247	18.514	18.783	19.052	19.321	19.592	19.863	20.135
115	18.548	18.820	19.092	19.365	19.639	19.914	20.189	20.466

材积/m³　检尺长/m　检尺径/cm	15.4	15.6	15.8	16.0	16.2	16.4	16.6	16.8
116	18.852	19.127	19.404	19.681	19.959	20.238	20.518	20.799
117	19.158	19.438	19.718	20.000	20.282	20.566	20.850	21.135
118	19.466	19.750	20.035	20.321	20.608	20.895	21.184	21.473
119	19.777	20.066	20.355	20.645	20.936	21.228	21.521	21.814
120	20.091	20.383	20.677	20.972	21.267	21.563	21.860	22.158

原 木 材 积 表

材积 /m³ 检尺径 /cm	检尺长 /m 17.0	17.2	17.4	17.6	17.8	18.0	18.2	18.4
11	0.517	0.529	0.540	0.552	0.564	0.576	0.588	0.601
12	0.572	0.584	0.596	0.609	0.622	0.635	0.648	0.662
13	0.629	0.642	0.655	0.669	0.683	0.697	0.711	0.725
14	0.689	0.703	0.717	0.732	0.747	0.762	0.777	0.792
15	0.751	0.766	0.782	0.798	0.813	0.829	0.846	0.862
16	0.816	0.833	0.849	0.866	0.883	0.900	0.917	0.935
17	0.884	0.902	0.919	0.937	0.955	0.973	0.992	1.010
18	0.955	0.974	0.992	1.011	1.030	1.050	1.069	1.089
19	1.029	1.048	1.068	1.088	1.108	1.129	1.150	1.171
20	1.105	1.126	1.147	1.168	1.189	1.211	1.233	1.255
21	1.184	1.206	1.228	1.250	1.273	1.296	1.319	1.343
22	1.265	1.288	1.312	1.336	1.360	1.384	1.408	1.433
23	1.349	1.374	1.399	1.424	1.449	1.475	1.500	1.526
24	1.437	1.462	1.488	1.515	1.541	1.568	1.595	1.622
25	1.526	1.553	1.581	1.609	1.636	1.665	1.693	1.722

材积/m³ 检尺长/m 检尺径/cm	17.0	17.2	17.4	17.6	17.8	18.0	18.2	18.4
26	1.619	1.647	1.676	1.705	1.734	1.764	1.794	1.824
27	1.714	1.744	1.774	1.805	1.835	1.866	1.897	1.929
28	1.812	1.843	1.875	1.907	1.939	1.971	2.004	2.037
29	1.913	1.945	1.978	2.012	2.045	2.079	2.114	2.148
30	2.016	2.050	2.085	2.120	2.155	2.190	2.226	2.262
31	2.122	2.158	2.194	2.230	2.267	2.304	2.341	2.379
32	2.231	2.268	2.306	2.344	2.382	2.421	2.459	2.499
33	2.342	2.381	2.421	2.460	2.500	2.540	2.581	2.621
34	2.457	2.497	2.538	2.579	2.621	2.663	2.705	2.747
35	2.573	2.616	2.658	2.701	2.744	2.788	2.832	2.876
36	2.693	2.737	2.781	2.826	2.871	2.916	2.962	3.007
37	2.816	2.861	2.907	2.953	3.000	3.047	3.094	3.142
38	2.941	2.988	3.036	3.084	3.132	3.181	3.230	3.279
39	3.069	3.118	3.167	3.217	3.267	3.318	3.369	3.420
40	3.199	3.250	3.301	3.353	3.405	3.457	3.510	3.563

原 木 材 积 表   续表

材积 /m³ / 检尺长 /m 检尺径 /cm	17.0	17.2	17.4	17.6	17.8	18.0	18.2	18.4
41	3.332	3.385	3.438	3.492	3.546	3.600	3.655	3.709
42	3.468	3.523	3.578	3.634	3.689	3.745	3.802	3.859
43	3.607	3.664	3.721	3.778	3.836	3.894	3.952	4.011
44	3.749	3.807	3.866	3.925	3.985	4.045	4.105	4.166
45	3.893	3.953	4.014	4.075	4.137	4.199	4.261	4.324
46	4.040	4.102	4.165	4.228	4.292	4.356	4.420	4.485
47	4.189	4.254	4.319	4.384	4.450	4.516	4.582	4.649
48	4.341	4.408	4.475	4.543	4.610	4.679	4.747	4.816
49	4.497	4.565	4.634	4.704	4.774	4.844	4.915	4.986
50	4.654	4.725	4.796	4.868	4.940	5.013	5.086	5.159
51	4.815	4.888	4.961	5.035	5.109	5.184	5.259	5.335
52	4.978	5.053	5.129	5.205	5.281	5.358	5.436	5.513
53	5.144	5.221	5.299	5.377	5.456	5.535	5.615	5.695
54	5.313	5.392	5.472	5.553	5.634	5.715	5.797	5.880
55	5.484	5.566	5.648	5.731	5.814	5.898	5.982	6.067

原 木 材 积 表

续表

材积/m³ 检尺长/m 检尺径/cm	17.0	17.2	17.4	17.6	17.8	18.0	18.2	18.4
56	5.658	5.742	5.827	5.912	5.998	6.084	6.171	6.258
57	5.835	5.921	6.009	6.096	6.184	6.273	6.362	6.451
58	6.014	6.103	6.193	6.283	6.373	6.464	6.556	6.647
59	6.197	6.288	6.380	6.472	6.565	6.659	6.752	6.847
60	6.381	6.475	6.570	6.665	6.760	6.856	6.952	7.049
61	6.569	6.666	6.762	6.860	6.958	7.056	7.155	7.254
62	6.760	6.858	6.958	7.058	7.158	7.259	7.360	7.462
63	6.953	7.054	7.156	7.259	7.362	7.465	7.569	7.673
64	7.149	7.253	7.357	7.462	7.568	7.674	7.780	7.887
65	7.347	7.454	7.561	7.669	7.777	7.885	7.995	8.104
66	7.548	7.658	7.767	7.878	7.989	8.100	8.212	8.324
67	7.752	7.864	7.977	8.090	8.203	8.317	8.432	8.547
68	7.959	8.074	8.189	8.305	8.421	8.538	8.655	8.773
69	8.169	8.286	8.404	8.522	8.641	8.761	8.881	9.002
70	8.381	8.501	8.622	8.743	8.865	8.987	9.110	9.233

原 木 材 积 表

材积/m³ 检尺长/m 检尺径/cm	17.0	17.2	17.4	17.6	17.8	18.0	18.2	18.4
71	8.596	8.719	8.842	8.966	9.091	9.216	9.342	9.468
72	8.813	8.939	9.065	9.192	9.320	9.448	9.576	9.706
73	9.033	9.162	9.291	9.421	9.552	9.683	9.814	9.946
74	9.257	9.388	9.520	9.653	9.786	9.920	10.055	10.190
75	9.482	9.617	9.752	9.888	10.024	10.161	10.298	10.436
76	9.711	9.848	9.986	10.125	10.264	10.404	10.544	10.685
77	9.942	10.082	10.224	10.365	10.507	10.650	10.794	10.938
78	10.176	10.319	10.464	10.608	10.753	10.899	11.046	11.193
79	10.413	10.559	10.706	10.854	11.002	11.151	11.301	11.451
80	10.652	10.802	10.952	11.103	11.254	11.406	11.559	11.712
81	10.894	11.047	11.200	11.354	11.509	11.664	11.820	11.976
82	11.139	11.295	11.451	11.608	11.766	11.925	12.084	12.243
83	11.386	11.545	11.705	11.866	12.027	12.188	12.350	12.513
84	11.637	11.799	11.962	12.125	12.290	12.455	12.620	12.786
85	11.889	12.055	12.221	12.388	12.556	12.724	12.893	13.062

材积/m³ 检尺长/m 检尺径/cm	17.0	17.2	17.4	17.6	17.8	18.0	18.2	18.4
86	12.145	12.314	12.484	12.654	12.825	12.996	13.168	13.341
87	12.404	12.576	12.749	12.922	13.096	13.271	13.446	13.623
88	12.665	12.840	13.016	13.193	13.371	13.549	13.728	13.907
89	12.929	13.107	13.287	13.467	13.648	13.830	14.012	14.195
90	13.195	13.377	13.560	13.744	13.928	14.113	14.299	14.485
91	13.464	13.650	13.837	14.024	14.212	14.400	14.589	14.779
92	13.736	13.926	14.116	14.306	14.497	14.689	14.882	15.075
93	14.011	14.204	14.397	14.591	14.786	14.982	15.178	15.375
94	14.289	14.485	14.682	14.880	15.078	15.277	15.477	15.677
95	14.569	14.769	14.969	15.170	15.372	15.575	15.778	15.982
96	14.852	15.055	15.259	15.464	15.670	15.876	16.083	16.291
97	15.137	15.344	15.552	15.761	15.970	16.180	16.390	16.602
98	15.425	15.636	15.848	16.060	16.273	16.487	16.701	16.916
99	15.717	15.931	16.146	16.362	16.579	16.796	17.014	17.233
100	16.010	16.228	16.447	16.667	16.888	17.109	17.330	17.553

材积 /m³　检尺长/m 检尺径 /cm	17.0	17.2	17.4	17.6	17.8	18.0	18.2	18.4
101	16.307	16.529	16.751	16.975	17.199	17.424	17.650	17.876
102	16.606	16.832	17.058	17.286	17.514	17.742	17.972	18.202
103	16.908	17.137	17.368	17.599	17.831	18.063	18.297	18.531
104	17.213	17.446	17.680	17.915	18.151	18.387	18.625	18.863
105	17.520	17.757	17.995	18.234	18.474	18.714	18.955	19.197
106	17.830	18.071	18.313	18.556	18.800	19.044	19.289	19.535
107	18.143	18.388	18.634	18.881	19.128	19.377	19.626	19.876
108	18.458	18.707	18.957	19.208	19.460	19.712	19.965	20.219
109	18.777	19.030	19.284	19.539	19.794	20.051	20.308	20.566
110	19.097	19.355	19.613	19.872	20.131	20.392	20.653	20.915
111	19.421	19.683	19.945	20.208	20.471	20.736	21.001	21.268
112	19.748	20.013	20.279	20.546	20.814	21.083	21.353	21.623
113	20.077	20.346	20.617	20.888	21.160	21.433	21.707	21.981
114	20.409	20.682	20.957	21.232	21.509	21.786	22.064	22.342
115	20.743	21.021	21.300	21.580	21.860	22.141	22.424	22.707

材积 /m³ 检尺长/m 检尺径/cm	17.0	17.2	17.4	17.6	17.8	18.0	18.2	18.4
116	21.080	21.363	21.646	21.930	22.214	22.500	22.786	23.074
117	21.420	21.707	21.994	22.283	22.572	22.861	23.152	23.444
118	21.763	22.054	22.346	22.638	22.932	23.226	23.521	23.817
119	22.109	22.404	22.700	22.997	23.294	23.593	23.892	24.193
120	22.457	22.756	23.057	23.358	23.660	23.963	24.267	24.572

材积/m³ 检尺长/m 检尺径/cm	18.6	18.8	19.0	19.2	19.4	19.6	19.8	20.0
11	0.613	0.626	0.639	0.652	0.665	0.678	0.692	0.706
12	0.675	0.689	0.703	0.717	0.731	0.745	0.760	0.774
13	0.740	0.755	0.770	0.785	0.800	0.815	0.831	0.846
14	0.808	0.824	0.839	0.855	0.872	0.888	0.905	0.922
15	0.879	0.895	0.912	0.930	0.947	0.964	0.982	1.000
16	0.952	0.970	0.988	1.007	1.025	1.044	1.063	1.082
17	1.029	1.048	1.067	1.087	1.106	1.126	1.146	1.166
18	1.109	1.129	1.150	1.170	1.191	1.212	1.233	1.254
19	1.192	1.213	1.235	1.256	1.278	1.301	1.323	1.346
20	1.277	1.300	1.323	1.346	1.369	1.392	1.416	1.440
21	1.366	1.390	1.414	1.438	1.463	1.487	1.512	1.538
22	1.458	1.483	1.508	1.534	1.560	1.586	1.612	1.638
23	1.552	1.579	1.606	1.632	1.660	1.687	1.715	1.742
24	1.650	1.678	1.706	1.734	1.763	1.791	1.820	1.850
25	1.751	1.780	1.809	1.839	1.869	1.899	1.929	1.960

材积/m³　检尺长/m　检尺径/cm	18.6	18.8	19.0	19.2	19.4	19.6	19.8	20.0
26	1.854	1.885	1.916	1.947	1.978	2.010	2.041	2.074
27	1.961	1.993	2.025	2.058	2.090	2.123	2.157	2.190
28	2.070	2.104	2.138	2.172	2.206	2.240	2.275	2.310
29	2.183	2.218	2.253	2.289	2.324	2.361	2.397	2.434
30	2.298	2.335	2.372	2.409	2.446	2.484	2.522	2.560
31	2.417	2.455	2.493	2.532	2.571	2.610	2.650	2.690
32	2.538	2.578	2.618	2.658	2.699	2.740	2.781	2.822
33	2.662	2.704	2.746	2.787	2.830	2.872	2.915	2.958
34	2.790	2.833	2.876	2.920	2.964	3.008	3.053	3.098
35	2.920	2.965	3.010	3.055	3.101	3.147	3.193	3.240
36	3.054	3.100	3.147	3.194	3.241	3.289	3.337	3.386
37	3.190	3.238	3.287	3.336	3.385	3.434	3.484	3.534
38	3.329	3.379	3.430	3.480	3.531	3.583	3.634	3.686
39	3.471	3.523	3.575	3.628	3.681	3.734	3.788	3.842
40	3.617	3.670	3.724	3.779	3.834	3.889	3.944	4.000

检尺径/cm \ 检尺长/m	18.6	18.8	19.0	19.2	19.4	19.6	19.8	20.0
材积/m³								
41	3.765	3.820	3.876	3.933	3.989	4.046	4.104	4.162
42	3.916	3.974	4.031	4.090	4.148	4.207	4.267	4.326
43	4.070	4.130	4.190	4.250	4.310	4.371	4.433	4.494
44	4.227	4.289	4.351	4.413	4.475	4.538	4.602	4.666
45	4.387	4.451	4.515	4.579	4.644	4.709	4.774	4.840
46	4.550	4.616	4.682	4.748	4.815	4.882	4.950	5.018
47	4.716	4.784	4.852	4.921	4.990	5.059	5.128	5.198
48	4.886	4.955	5.026	5.096	5.167	5.238	5.310	5.382
49	5.058	5.129	5.202	5.275	5.348	5.421	5.495	5.570
50	5.233	5.307	5.381	5.456	5.531	5.607	5.683	5.760
51	5.411	5.487	5.564	5.641	5.718	5.796	5.875	5.954
52	5.591	5.670	5.749	5.828	5.908	5.989	6.069	6.150
53	5.775	5.856	5.938	6.019	6.101	6.184	6.267	6.350
54	5.962	6.045	6.129	6.213	6.298	6.382	6.468	6.554
55	6.152	6.238	6.324	6.410	6.497	6.584	6.672	6.760

材积 /m³　检尺长/m 检尺径 /cm	18.6	18.8	19.0	19.2	19.4	19.6	19.8	20.0
56	6.345	6.433	6.521	6.610	6.699	6.789	6.879	6.970
57	6.541	6.631	6.722	6.813	6.905	6.997	7.089	7.182
58	6.740	6.832	6.926	7.019	7.113	7.208	7.303	7.398
59	6.941	7.037	7.132	7.228	7.325	7.422	7.520	7.618
60	7.146	7.244	7.342	7.441	7.540	7.639	7.739	7.840
61	7.354	7.454	7.555	7.656	7.758	7.860	7.962	8.066
62	7.565	7.667	7.771	7.874	7.979	8.083	8.189	8.294
63	7.778	7.884	7.990	8.096	8.203	8.310	8.418	8.526
64	7.995	8.103	8.211	8.320	8.430	8.540	8.651	8.762
65	8.214	8.325	8.436	8.548	8.660	8.773	8.886	9.000
66	8.437	8.550	8.664	8.779	8.894	9.009	9.125	9.242
67	8.663	8.779	8.895	9.013	9.130	9.248	9.367	9.486
68	8.891	9.010	9.130	9.249	9.370	9.491	9.612	9.734
69	9.123	9.244	9.367	9.489	9.613	9.736	9.861	9.986
70	9.357	9.482	9.607	9.732	9.858	9.985	10.112	10.240

材积/m³ 检尺长/m 检尺径/cm	18.6	18.8	19.0	19.2	19.4	19.6	19.8	20.0
71	9.595	9.722	9.850	9.978	10.107	10.237	10.367	10.498
72	9.835	9.965	10.096	10.228	10.359	10.492	10.625	10.758
73	10.079	10.212	10.346	10.480	10.615	10.750	10.886	11.022
74	10.325	10.461	10.598	10.735	10.873	11.011	11.150	11.290
75	10.574	10.714	10.853	10.993	11.134	11.276	11.417	11.560
76	10.827	10.969	11.112	11.255	11.399	11.543	11.688	11.834
77	11.082	11.227	11.373	11.519	11.666	11.814	11.962	12.110
78	11.340	11.489	11.638	11.787	11.937	12.087	12.239	12.390
79	11.602	11.753	11.905	12.058	12.211	12.364	12.519	12.674
80	11.866	12.021	12.176	12.331	12.488	12.644	12.802	12.960
81	12.133	12.291	12.449	12.608	12.768	12.928	13.088	13.250
82	12.404	12.564	12.726	12.888	13.051	13.214	13.378	13.542
83	12.677	12.841	13.006	13.171	13.337	13.503	13.671	13.838
84	12.953	13.120	13.288	13.457	13.626	13.796	13.966	14.138
85	13.232	13.403	13.574	13.746	13.918	14.092	14.266	14.440

材积 /m³ 检尺长 /m 检尺径 /cm	18.6	18.8	19.0	19.2	19.4	19.6	19.8	20.0
86	13.514	13.688	13.863	14.038	14.214	14.391	14.568	14.746
87	13.799	13.977	14.155	14.333	14.513	14.693	14.873	15.054
88	14.087	14.268	14.450	14.632	14.814	14.998	15.182	15.366
89	14.378	14.563	14.747	14.933	15.119	15.306	15.493	15.682
90	14.672	14.860	15.048	15.237	15.427	15.617	15.808	16.000
91	14.969	15.161	15.352	15.545	15.738	15.932	16.126	16.322
92	15.269	15.464	15.659	15.855	16.052	16.250	16.448	16.646
93	15.572	15.771	15.970	16.169	16.369	16.570	16.772	16.974
94	15.878	16.080	16.283	16.486	16.690	16.894	17.100	17.306
95	16.187	16.393	16.599	16.806	17.013	17.221	17.430	17.640
96	16.499	16.708	16.918	17.128	17.340	17.552	17.764	17.978
97	16.814	17.027	17.240	17.454	17.669	17.885	18.101	18.318
98	17.132	17.348	17.566	17.783	18.002	18.221	18.442	18.662
99	17.453	17.673	17.894	18.116	18.338	18.561	18.785	19.010
100	17.776	18.000	18.225	18.451	18.677	18.904	19.132	19.360

材积/m³ ＼ 检尺长/m 检尺径/cm	18.6	18.8	19.0	19.2	19.4	19.6	19.8	20.0
101	18.103	18.331	18.560	18.789	19.019	19.250	19.481	19.714
102	18.433	18.665	18.897	19.130	19.364	19.599	19.834	20.070
103	18.766	19.001	19.238	19.475	19.712	19.951	20.190	20.430
104	19.101	19.341	19.581	19.822	20.064	20.306	20.550	20.794
105	19.440	19.683	19.928	20.173	20.418	20.665	20.912	21.160
106	19.782	20.029	20.277	20.526	20.776	21.026	21.278	21.530
107	20.126	20.378	20.630	20.883	21.137	21.391	21.646	21.902
108	20.474	20.729	20.986	21.243	21.500	21.759	22.018	22.278
109	20.824	21.084	21.344	21.605	21.867	22.130	22.393	22.658
110	21.178	21.442	21.706	21.971	22.237	22.504	22.772	23.040
111	21.534	21.802	22.071	22.340	22.610	22.881	23.153	23.426
112	21.894	22.166	22.439	22.712	22.987	23.262	23.538	23.814
113	22.256	22.533	22.810	23.087	23.366	23.645	23.925	24.206
114	22.622	22.902	23.183	23.465	23.748	24.032	24.316	24.602
115	22.990	23.275	23.560	23.847	24.134	24.422	24.710	25.000

材积 /m³　检尺长 /m 检尺径 /cm	18.6	18.8	19.0	19.2	19.4	19.6	19.8	20.0
116	23.362	23.651	23.940	24.231	24.522	24.815	25.108	25.402
117	23.736	24.029	24.323	24.618	24.914	25.211	25.508	25.806
118	24.113	24.411	24.710	25.009	25.309	25.610	25.912	26.214
119	24.494	24.796	25.099	25.402	25.707	26.012	26.318	26.626
120	24.877	25.184	25.491	25.799	26.108	26.418	26.728	27.040

杉 原 条 材 积 表

    本表是根据 GB/T 4815—2009 编制的，适用于生产、收购和销售的只经打枝剥皮的杉原条材积计量。

    1. 检尺径小于等于 8cm 的杉原条材积按下式计算：

$$V = 0.490\ 2 \times L/100$$

    2. 检尺径大于等于 10cm 且检尺长小于等于 19m 的杉原条材积按下式计算：

$$V = 0.394 \times (3.279 + D)^2 \times (0.707 + L)/10\ 000$$

    3. 检尺径大于等于 10cm 且检尺长大于等于 20m 的杉原条材积按下式计算：

$$V = 0.39 \times (3.50 + D)^2 \times (0.48 + L)/10\ 000$$

以上式中：V——材积，单位为立方米（m³）；

              D——检尺径，单位为厘米（cm）；

              L——检尺长，单位为米（m）。

杉原条检验方法按 GB/T 5039 规定执行。

杉 原 条 材 积 表

材积 /m³ 检尺长 /m 检尺径 /cm	5	6	7	8	9	10	11	12	13
8	0.025	0.029	0.034	0.039	0.044	0.049			
10	0.040	0.047	0.054	0.060	0.067	0.074	0.081	0.088	0.095
12	0.052	0.062	0.071	0.080	0.089	0.098	0.108	0.117	0.126
14	0.067	0.079	0.091	0.102	0.114	0.126	0.138	0.149	0.161
16	0.084	0.098	0.113	0.128	0.142	0.157	0.171	0.186	0.201
18	0.102	0.120	0.137	0.155	0.173	0.191	0.209	0.227	0.245
20		0.143	0.165	0.186	0.207	0.229	0.250	0.271	0.293
22			0.194	0.219	0.244	0.270	0.295	0.320	0.345
24				0.255	0.285	0.314	0.343	0.373	0.402
26					0.328	0.362	0.395	0.429	0.463
28						0.413	0.451	0.490	0.528
30							0.511	0.554	0.598

材积/m³　检尺长/m　检尺径/cm	5	6	7	8	9	10	11	12	13
32								0.623	0.672
34									0.751
36									
38									
40									
42									
44									
46									
48									
50									
52									
54									
56									
58									
60									

材积/m³ 检尺长/m 检尺径/cm	14	15	16	17	18	19	20	21	22
8									
10	0.102	0.109	0.116	0.123	0.130	0.137	0.146	0.153	0.160
12	0.135	0.144	0.154	0.163	0.172	0.181	0.192	0.201	0.211
14	0.173	0.185	0.197	0.208	0.220	0.232	0.245	0.257	0.268
16	0.215	0.230	0.245	0.259	0.274	0.289	0.304	0.319	0.333
18	0.262	0.280	0.298	0.316	0.334	0.352	0.369	0.387	0.405
20	0.314	0.335	0.357	0.378	0.399	0.421	0.441	0.463	0.484
22	0.370	0.395	0.421	0.446	0.471	0.496	0.519	0.545	0.570
24	0.431	0.461	0.490	0.519	0.548	0.578	0.604	0.634	0.663
26	0.497	0.531	0.564	0.598	0.632	0.666	0.695	0.729	0.763
28	0.567	0.605	0.644	0.683	0.721	0.760	0.793	0.831	0.870
30	0.642	0.685	0.729	0.773	0.816	0.860	0.896	0.940	0.984

材积 /m³　检尺长/m 检尺径 /cm	14	15	16	17	18	19	20	21	22
32	0.721	0.770	0.819	0.868	0.917	0.966	1.007	1.056	1.105
34	0.805	0.860	0.915	0.970	1.024	1.079	1.123	1.178	1.233
36	0.894	0.955	1.016	1.076	1.137	1.198	1.246	1.307	1.368
38		1.055	1.122	1.189	1.256	1.323	1.376	1.443	1.510
40		1.159	1.233	1.307	1.381	1.454	1.511	1.585	1.659
42			1.350	1.430	1.511	1.592	1.654	1.734	1.815
44			1.471	1.559	1.648	1.736	1.802	1.890	1.978
46			1.599	1.694	1.790	1.886	1.957	2.053	2.148
48			1.731	1.835	1.938	2.042	2.118	2.222	2.325
50			1.869	1.980	2.092	2.204	2.286	2.398	2.509
52			2.011	2.132	2.252	2.373	2.460	2.580	2.701
54			2.160	2.289	2.418	2.547	2.641	2.770	2.899
56			2.313	2.452	2.590	2.728	2.828	2.966	3.104
58			2.472	2.620	2.768	2.916	3.021	3.168	3.316
60			2.636	2.794	2.951	3.109	3.221	3.378	3.535

杉 原 条 材 积 表

材积 /m³ 检尺长 /m 检尺径 /cm	23	24	25	26	27	28	29	30
8								
10	0.167	0.174	0.181	0.188	0.195	0.202	0.210	0.217
12	0.220	0.229	0.239	0.248	0.257	0.267	0.276	0.286
14	0.280	0.292	0.304	0.316	0.328	0.340	0.352	0.364
16	0.348	0.363	0.378	0.393	0.408	0.422	0.437	0.452
18	0.423	0.441	0.459	0.477	0.495	0.513	0.531	0.549
20	0.506	0.527	0.549	0.570	0.592	0.613	0.635	0.656
22	0.595	0.621	0.646	0.672	0.697	0.722	0.748	0.773
24	0.693	0.722	0.752	0.781	0.810	0.840	0.869	0.899
26	0.797	0.831	0.865	0.899	0.933	0.967	1.001	1.034
28	0.909	0.947	0.986	1.025	1.063	1.102	1.141	1.180
30	1.028	1.071	1.115	1.159	1.203	1.247	1.290	1.334

材积/m³　检尺长/m 检尺径/cm	23	24	25	26	27	28	29	30
32	1.154	1.203	1.252	1.301	1.351	1.400	1.449	1.498
34	1.288	1.343	1.397	1.452	1.507	1.562	1.617	1.672
36	1.429	1.490	1.550	1.611	1.672	1.733	1.794	1.855
38	1.577	1.644	1.711	1.779	1.846	1.913	1.980	2.047
40	1.733	1.807	1.880	1.954	2.028	2.102	2.176	2.249
42	1.896	1.977	2.057	2.138	2.219	2.299	2.380	2.461
44	2.066	2.154	2.242	2.330	2.418	2.506	2.594	2.682
46	2.244	2.339	2.435	2.530	2.626	2.722	2.817	2.913
48	2.429	2.532	2.636	2.739	2.842	2.946	3.049	3.153
50	2.621	2.733	2.844	2.956	3.068	3.179	3.291	3.402
52	2.821	2.941	3.061	3.181	3.301	3.421	3.541	3.662
54	3.028	3.157	3.285	3.414	3.543	3.672	3.801	3.930
56	3.242	3.380	3.518	3.656	3.794	3.932	4.070	4.208
58	3.463	3.611	3.758	3.906	4.054	4.201	4.349	4.496
60	3.692	3.850	4.007	4.164	4.321	4.479	4.636	4.793

锯 材 材 积 表

本表是根据 GB/T 499—2009 编制的，适用于普通锯材和专用锯材的材积计算与查定。锯材材积按下式计算：

$$V = L \times W \times T / 1\,000\,000$$

式中：V——锯材材积，单位为立方米（m³）；

L——锯材长度，单位为米（m）；

W——锯材宽度，单位为毫米（mm）；

T——锯材厚度，单位为毫米（mm）。

普通锯材材积表见表 1，枕木锯材材积表见表 2，铁路货车锯材材积表见表 3，载重汽车锯材材积表见表 4，罐道木和机台木材积表见表 5，部分方材材积表见表 6。

锯材尺寸按 GB/T 4822 的规定检量。锯材材长和材宽进级按 GB/T 153 和 GB/T 4817 的规定执行。

"普通锯材材积表"因从篇幅和最常用的材长角度考虑，删去了材长较长锯材的材积。

表 1 普通锯材材积表

材长/m	材积/m³ 材宽/mm	材厚/mm							
		12	15	18	21	25	30	35	40
0.5	30	0.000 18	0.000 23	0.000 27	0.000 32	0.000 38	0.000 45	0.000 53	0.000 60
	40	0.000 24	0.000 30	0.000 36	0.000 42	0.000 50	0.000 60	0.000 70	0.000 80
	50	0.000 30	0.000 38	0.000 45	0.000 53	0.000 63	0.000 75	0.000 88	0.001 00
	60	0.000 36	0.000 45	0.000 54	0.000 63	0.000 75	0.000 90	0.001 05	0.001 20
	70	0.000 42	0.000 53	0.000 63	0.000 74	0.000 88	0.001 05	0.001 23	0.001 40
	80	0.000 48	0.000 60	0.000 72	0.000 84	0.001 00	0.001 20	0.001 40	0.001 60
	90	0.000 54	0.000 68	0.000 81	0.000 95	0.001 13	0.001 35	0.001 58	0.001 80
	100	0.000 60	0.000 75	0.000 90	0.001 05	0.001 25	0.001 50	0.001 75	0.002 00
	110	0.000 66	0.000 83	0.000 99	0.001 16	0.001 38	0.001 65	0.001 93	0.002 20
	120	0.000 72	0.000 90	0.001 08	0.001 26	0.001 50	0.001 80	0.002 10	0.002 40
	130	0.000 78	0.000 98	0.001 17	0.001 37	0.001 63	0.001 95	0.002 28	0.002 60
	140	0.000 84	0.001 05	0.001 26	0.001 47	0.001 75	0.002 10	0.002 45	0.002 80
	150	0.000 90	0.001 13	0.001 35	0.001 58	0.001 88	0.002 25	0.002 63	0.003 00

表 1　普 通 锯 材 材 积 表　　　　　　　续表

材长/m	材宽/mm	材厚/mm 45	50	60	70	80	90	100
0.5	30	0.000 68	0.000 75	0.000 90	0.001 05	0.001 20	0.001 35	0.001 50
	40	0.000 90	0.001 00	0.001 20	0.001 40	0.001 60	0.001 80	0.002 00
	50	0.001 13	0.001 25	0.001 50	0.001 75	0.002 00	0.002 25	0.002 50
	60	0.001 35	0.001 50	0.001 80	0.002 10	0.002 40	0.002 70	0.003 00
	70	0.001 58	0.001 75	0.002 10	0.002 45	0.002 80	0.003 15	0.003 50
	80	0.001 80	0.002 00	0.002 40	0.002 80	0.003 20	0.003 60	0.004 00
	90	0.002 03	0.002 25	0.002 70	0.003 15	0.003 60	0.004 05	0.004 50
	100	0.002 25	0.002 50	0.003 00	0.003 50	0.004 00	0.004 50	0.005 00
	110	0.002 48	0.002 75	0.003 30	0.003 85	0.004 40	0.004 95	0.005 50
	120	0.002 70	0.003 00	0.003 60	0.004 20	0.004 80	0.005 40	0.006 00
	130	0.002 93	0.003 25	0.003 90	0.004 55	0.005 20	0.005 85	0.006 50
	140	0.003 15	0.003 50	0.004 20	0.004 90	0.005 60	0.006 30	0.007 00
	150	0.003 38	0.003 75	0.004 50	0.005 25	0.006 00	0.006 75	0.007 50

表 1　普 通 锯 材 材 积 表　　　　　续表

材长/m	材积/m³　材厚/mm　材宽/mm	12	15	18	21	25	30	35	40
0.5	160	0.000 96	0.001 20	0.001 44	0.001 68	0.002 00	0.002 40	0.002 80	0.003 20
	170	0.001 02	0.001 28	0.001 53	0.001 79	0.002 13	0.002 55	0.002 98	0.003 40
	180	0.001 08	0.001 35	0.001 62	0.001 89	0.002 25	0.002 70	0.003 15	0.003 60
	190	0.001 14	0.001 43	0.001 71	0.002 00	0.002 38	0.002 85	0.003 33	0.003 80
	200	0.001 20	0.001 50	0.001 80	0.002 10	0.002 50	0.003 00	0.003 50	0.004 00
	210	0.001 26	0.001 58	0.001 89	0.002 21	0.002 63	0.003 15	0.003 68	0.004 20
	220	0.001 32	0.001 65	0.001 98	0.002 31	0.002 75	0.003 30	0.003 85	0.004 40
	230	0.001 38	0.001 73	0.002 07	0.002 42	0.002 88	0.003 45	0.004 03	0.004 60
	240	0.001 44	0.001 80	0.002 16	0.002 52	0.003 00	0.003 60	0.004 20	0.004 80
	250	0.001 50	0.001 88	0.002 25	0.002 63	0.003 13	0.003 75	0.004 38	0.005 00
	260	0.001 56	0.001 95	0.002 34	0.002 73	0.003 25	0.003 90	0.004 55	0.005 20
	270	0.001 62	0.002 03	0.002 43	0.002 84	0.003 38	0.004 05	0.004 73	0.005 40
	280	0.001 68	0.002 10	0.002 52	0.002 94	0.003 50	0.004 20	0.004 90	0.005 60
	290	0.001 74	0.002 18	0.002 61	0.003 05	0.003 63	0.004 35	0.005 08	0.005 80
	300	0.001 80	0.002 25	0.002 70	0.003 15	0.003 75	0.004 50	0.005 25	0.006 00

表 1 普通锯材材积表　　　　　续表

材长/m	材宽/mm（材积/m³　材厚/mm）	45	50	60	70	80	90	100
0.5	160	0.003 60	0.004 00	0.004 80	0.005 60	0.006 40	0.007 20	0.008 00
	170	0.003 83	0.004 25	0.005 10	0.005 95	0.006 80	0.007 65	0.008 50
	180	0.004 05	0.004 50	0.005 40	0.006 30	0.007 20	0.008 10	0.009 00
	190	0.004 28	0.004 75	0.005 70	0.006 65	0.007 60	0.008 55	0.009 50
	200	0.004 50	0.005 00	0.006 00	0.007 00	0.008 00	0.009 00	0.010 00
	210	0.004 73	0.005 25	0.006 30	0.007 35	0.008 40	0.009 45	0.010 50
	220	0.004 95	0.005 50	0.006 60	0.007 70	0.008 80	0.009 90	0.011 00
	230	0.005 18	0.005 75	0.006 90	0.008 05	0.009 20	0.010 35	0.011 50
	240	0.005 40	0.006 00	0.007 20	0.008 40	0.009 60	0.010 80	0.012 00
	250	0.005 63	0.006 25	0.007 50	0.008 75	0.010 00	0.011 25	0.012 50
	260	0.005 85	0.006 50	0.007 80	0.009 10	0.010 40	0.011 70	0.013 00
	270	0.006 08	0.006 75	0.008 10	0.009 45	0.010 80	0.012 15	0.013 50
	280	0.006 30	0.007 00	0.008 40	0.009 80	0.011 20	0.012 60	0.014 00
	290	0.006 53	0.007 25	0.008 70	0.010 15	0.011 60	0.013 05	0.014 50
	300	0.006 75	0.007 50	0.009 00	0.010 50	0.012 00	0.013 50	0.015 00

表 1 普通锯材材积表 续表

| 材长
/m | 材宽
/mm | 材积
/m³ 材厚/mm | | | | | | | |
		12	15	18	21	25	30	35	40
0.6	30	0.000 22	0.000 27	0.000 32	0.000 38	0.000 45	0.000 54	0.000 63	0.000 72
	40	0.000 29	0.000 36	0.000 43	0.000 50	0.000 60	0.000 72	0.000 84	0.000 96
	50	0.000 36	0.000 45	0.000 54	0.000 63	0.000 75	0.000 90	0.001 05	0.001 20
	60	0.000 43	0.000 54	0.000 65	0.000 76	0.000 90	0.001 08	0.001 26	0.001 44
	70	0.000 50	0.000 63	0.000 76	0.000 88	0.001 05	0.001 26	0.001 47	0.001 68
	80	0.000 58	0.000 72	0.000 86	0.001 01	0.001 20	0.001 44	0.001 68	0.001 92
	90	0.000 65	0.000 81	0.000 97	0.001 13	0.001 35	0.001 62	0.001 89	0.002 16
	100	0.000 72	0.000 90	0.001 08	0.001 26	0.001 50	0.001 80	0.002 10	0.002 40
	110	0.000 79	0.000 99	0.001 19	0.001 39	0.001 65	0.001 98	0.002 31	0.002 64
	120	0.000 86	0.001 08	0.001 30	0.001 51	0.001 80	0.002 16	0.002 52	0.002 88
	130	0.000 94	0.001 17	0.001 40	0.001 64	0.001 95	0.002 34	0.002 73	0.003 12
	140	0.001 01	0.001 26	0.001 51	0.001 76	0.002 10	0.002 52	0.002 94	0.003 36
	150	0.001 08	0.001 35	0.001 62	0.001 89	0.002 25	0.002 70	0.003 15	0.003 60

表1 普通锯材材积表

材长/m	材宽/mm	材积/m³ 材厚/mm						
		45	50	60	70	80	90	100
0.6	30	0.000 81	0.000 90	0.001 08	0.001 26	0.001 44	0.001 62	0.001 80
	40	0.001 08	0.001 20	0.001 44	0.001 68	0.001 92	0.002 16	0.002 40
	50	0.001 35	0.001 50	0.001 80	0.002 10	0.002 40	0.002 70	0.003 00
	60	0.001 62	0.001 80	0.002 16	0.002 52	0.002 88	0.003 24	0.003 60
	70	0.001 89	0.002 10	0.002 52	0.002 94	0.003 36	0.003 78	0.004 20
	80	0.002 16	0.002 40	0.002 88	0.003 36	0.003 84	0.004 32	0.004 80
	90	0.002 43	0.002 70	0.003 24	0.003 78	0.004 32	0.004 86	0.005 40
	100	0.002 70	0.003 00	0.003 60	0.004 20	0.004 80	0.005 40	0.006 00
	110	0.002 97	0.003 30	0.003 96	0.004 62	0.005 28	0.005 94	0.006 60
	120	0.003 24	0.003 60	0.004 32	0.005 04	0.005 76	0.006 48	0.007 20
	130	0.003 51	0.003 90	0.004 68	0.005 46	0.006 24	0.007 02	0.007 80
	140	0.003 78	0.004 20	0.005 04	0.005 88	0.006 72	0.007 56	0.008 40
	150	0.004 05	0.004 50	0.005 40	0.006 30	0.007 20	0.008 10	0.009 00

表 1　普　通　锯　材　材　积　表　　　　　续表

材长/m	材积/m³　材厚/mm　材宽/mm	12	15	18	21	25	30	35	40
0.6	160	0.001 15	0.001 44	0.001 73	0.002 02	0.002 40	0.002 88	0.003 36	0.003 84
	170	0.001 22	0.001 53	0.001 84	0.002 14	0.002 55	0.003 06	0.003 57	0.004 08
	180	0.001 30	0.001 62	0.001 94	0.002 27	0.002 70	0.003 24	0.003 78	0.004 32
	190	0.001 37	0.001 71	0.002 05	0.002 39	0.002 85	0.003 42	0.003 99	0.004 56
	200	0.001 44	0.001 80	0.002 16	0.002 52	0.003 00	0.003 60	0.004 20	0.004 80
	210	0.001 51	0.001 89	0.002 27	0.002 65	0.003 15	0.003 78	0.004 41	0.005 04
	220	0.001 58	0.001 98	0.002 38	0.002 77	0.003 30	0.003 96	0.004 62	0.005 28
	230	0.001 66	0.002 07	0.002 48	0.002 90	0.003 45	0.004 14	0.004 83	0.005 52
	240	0.001 73	0.002 16	0.002 59	0.003 02	0.003 60	0.004 32	0.005 04	0.005 76
	250	0.001 80	0.002 25	0.002 70	0.003 15	0.003 75	0.004 50	0.005 25	0.006 00
	260	0.001 87	0.002 34	0.002 81	0.003 28	0.003 90	0.004 68	0.005 46	0.006 24
	270	0.001 94	0.002 43	0.002 92	0.003 40	0.004 05	0.004 86	0.005 67	0.006 48
	280	0.002 02	0.002 52	0.003 02	0.003 53	0.004 20	0.005 04	0.005 88	0.006 72
	290	0.002 09	0.002 61	0.003 13	0.003 65	0.004 35	0.005 22	0.006 09	0.006 96
	300	0.002 16	0.002 70	0.003 24	0.003 78	0.004 50	0.005 40	0.006 30	0.007 20

表 1 普 通 锯 材 材 积 表 续表

材长/m	材宽/mm \ 材积/m³ \ 材厚/mm	45	50	60	70	80	90	100
0.6	160	0.004 32	0.004 80	0.005 76	0.006 72	0.007 68	0.008 64	0.009 60
	170	0.004 59	0.005 10	0.006 12	0.007 14	0.008 16	0.009 18	0.010 20
	180	0.004 86	0.005 40	0.006 48	0.007 56	0.008 64	0.009 72	0.010 80
	190	0.005 13	0.005 70	0.006 84	0.007 98	0.009 12	0.010 26	0.011 40
	200	0.005 40	0.006 00	0.007 20	0.008 40	0.009 60	0.010 80	0.012 00
	210	0.005 67	0.006 30	0.007 56	0.008 82	0.010 08	0.011 34	0.012 60
	220	0.005 94	0.006 60	0.007 92	0.009 24	0.010 56	0.011 88	0.013 20
	230	0.006 21	0.006 90	0.008 28	0.009 66	0.011 04	0.012 42	0.013 80
	240	0.006 48	0.007 20	0.008 64	0.010 08	0.011 52	0.012 96	0.014 40
	250	0.006 75	0.007 50	0.009 00	0.010 50	0.012 00	0.013 50	0.015 00
	260	0.007 02	0.007 80	0.009 36	0.010 92	0.012 48	0.014 04	0.015 60
	270	0.007 29	0.008 10	0.009 72	0.011 34	0.012 96	0.014 58	0.016 20
	280	0.007 56	0.008 40	0.010 08	0.011 76	0.013 44	0.015 12	0.016 80
	290	0.007 83	0.008 70	0.010 44	0.012 18	0.013 92	0.015 66	0.017 40
	300	0.008 10	0.009 00	0.010 80	0.012 60	0.014 40	0.016 20	0.018 00

表 1 普 通 锯 材 材 积 表

材长/m	材宽/mm	材积/m³ 材厚/mm 12	15	18	21	25	30	35	40
0.7	30	0.000 25	0.000 32	0.000 38	0.000 44	0.000 53	0.000 63	0.000 74	0.000 84
	40	0.000 34	0.000 42	0.000 50	0.000 59	0.000 70	0.000 84	0.000 98	0.001 12
	50	0.000 42	0.000 53	0.000 63	0.000 74	0.000 88	0.001 05	0.001 23	0.001 40
	60	0.000 50	0.000 63	0.000 76	0.000 88	0.001 05	0.001 26	0.001 47	0.001 68
	70	0.000 59	0.000 74	0.000 88	0.001 03	0.001 23	0.001 47	0.001 72	0.001 96
	80	0.000 67	0.000 84	0.001 01	0.001 18	0.001 40	0.001 68	0.001 96	0.002 24
	90	0.000 76	0.000 95	0.001 13	0.001 32	0.001 58	0.001 89	0.002 21	0.002 52
	100	0.000 84	0.001 05	0.001 26	0.001 47	0.001 75	0.002 10	0.002 45	0.002 80
	110	0.000 92	0.001 16	0.001 39	0.001 62	0.001 93	0.002 31	0.002 70	0.003 08
	120	0.001 01	0.001 26	0.001 51	0.001 76	0.002 10	0.002 52	0.002 94	0.003 36
	130	0.001 09	0.001 37	0.001 64	0.001 91	0.002 28	0.002 73	0.003 19	0.003 64
	140	0.001 18	0.001 47	0.001 76	0.002 06	0.002 45	0.002 94	0.003 43	0.003 92
	150	0.001 26	0.001 58	0.001 89	0.002 21	0.002 63	0.003 15	0.003 68	0.004 20

表 1 普 通 锯 材 材 积 表

材长/m	材宽/mm	材厚/mm 45	50	60	70	80	90	100
0.7	30	0.000 95	0.001 05	0.001 26	0.001 47	0.001 68	0.001 89	0.002 10
	40	0.001 26	0.001 40	0.001 68	0.001 96	0.002 24	0.002 52	0.002 80
	50	0.001 58	0.001 75	0.002 10	0.002 45	0.002 80	0.003 15	0.003 50
	60	0.001 89	0.002 10	0.002 52	0.002 94	0.003 36	0.003 78	0.004 20
	70	0.002 21	0.002 45	0.002 94	0.003 43	0.003 92	0.004 41	0.004 90
	80	0.002 52	0.002 80	0.003 36	0.003 92	0.004 48	0.005 04	0.005 60
	90	0.002 84	0.003 15	0.003 78	0.004 41	0.005 04	0.005 67	0.006 30
	100	0.003 15	0.003 50	0.004 20	0.004 90	0.005 60	0.006 30	0.007 00
	110	0.003 47	0.003 85	0.004 62	0.005 39	0.006 16	0.006 93	0.007 70
	120	0.003 78	0.004 20	0.005 04	0.005 88	0.006 72	0.007 56	0.008 40
	130	0.004 10	0.004 55	0.005 46	0.006 37	0.007 28	0.008 19	0.009 10
	140	0.004 41	0.004 90	0.005 88	0.006 86	0.007 84	0.008 82	0.009 80
	150	0.004 73	0.005 25	0.006 30	0.007 35	0.008 40	0.009 45	0.010 50

表 1　普 通 锯 材 材 积 表

材长/m	材积/m³ 材厚/mm 材宽/mm	12	15	18	21	25	30	35	40
0.7	160	0.001 34	0.001 68	0.002 02	0.002 35	0.002 80	0.003 36	0.003 92	0.004 48
	170	0.001 43	0.001 79	0.002 14	0.002 50	0.002 98	0.003 57	0.004 17	0.004 76
	180	0.001 51	0.001 89	0.002 27	0.002 65	0.003 15	0.003 78	0.004 41	0.005 04
	190	0.001 60	0.002 00	0.002 39	0.002 79	0.003 33	0.003 99	0.004 66	0.005 32
	200	0.001 68	0.002 10	0.002 52	0.002 94	0.003 50	0.004 20	0.004 90	0.005 60
	210	0.001 76	0.002 21	0.002 65	0.003 09	0.003 68	0.004 41	0.005 15	0.005 88
	220	0.001 85	0.002 31	0.002 77	0.003 23	0.003 85	0.004 62	0.005 39	0.006 16
	230	0.001 93	0.002 42	0.002 90	0.003 38	0.004 03	0.004 83	0.005 64	0.006 44
	240	0.002 02	0.002 52	0.003 02	0.003 53	0.004 20	0.005 04	0.005 88	0.006 72
	250	0.002 10	0.002 63	0.003 15	0.003 68	0.004 38	0.005 25	0.006 13	0.007 00
	260	0.002 18	0.002 73	0.003 28	0.003 82	0.004 55	0.005 46	0.006 37	0.007 28
	270	0.002 27	0.002 84	0.003 40	0.003 97	0.004 73	0.005 67	0.006 62	0.007 56
	280	0.002 35	0.002 94	0.003 53	0.004 12	0.004 90	0.005 88	0.006 86	0.007 84
	290	0.002 44	0.003 05	0.003 65	0.004 26	0.005 08	0.006 09	0.007 11	0.008 12
	300	0.002 52	0.003 15	0.003 78	0.004 41	0.005 25	0.006 30	0.007 35	0.008 40

表 1 普 通 锯 材 材 积 表

材长/m	材积/m³ 材厚/mm 材宽/mm	45	50	60	70	80	90	100
0.7	160	0.005 04	0.005 60	0.006 72	0.007 84	0.008 96	0.010 08	0.011 20
	170	0.005 36	0.005 95	0.007 14	0.008 33	0.009 52	0.010 71	0.011 90
	180	0.005 67	0.006 30	0.007 56	0.008 82	0.010 08	0.011 34	0.012 60
	190	0.005 99	0.006 65	0.007 98	0.009 31	0.010 64	0.011 97	0.013 30
	200	0.006 30	0.007 00	0.008 40	0.009 80	0.011 20	0.012 60	0.014 00
	210	0.006 62	0.007 35	0.008 82	0.010 29	0.011 76	0.013 23	0.014 70
	220	0.006 93	0.007 70	0.009 24	0.010 78	0.012 32	0.013 86	0.015 40
	230	0.007 25	0.008 05	0.009 66	0.011 27	0.012 88	0.014 49	0.016 10
	240	0.007 56	0.008 40	0.010 08	0.011 76	0.013 44	0.015 12	0.016 80
	250	0.007 88	0.008 75	0.010 50	0.012 25	0.014 00	0.015 75	0.017 50
	260	0.008 19	0.009 10	0.010 92	0.012 74	0.014 56	0.016 38	0.018 20
	270	0.008 51	0.009 45	0.011 34	0.013 23	0.015 12	0.017 01	0.018 90
	280	0.008 82	0.009 80	0.011 76	0.013 72	0.015 68	0.017 64	0.019 60
	290	0.009 14	0.010 15	0.012 18	0.014 21	0.016 24	0.018 27	0.020 30
	300	0.009 45	0.010 50	0.012 60	0.014 70	0.016 80	0.018 90	0.021 00

表 1 普 通 锯 材 材 积 表　　　　　　　续表

材长/m	材积/m³ 材厚/mm 材宽/mm	12	15	18	21	25	30	35	40
0.8	30	0.000 29	0.000 36	0.000 43	0.000 50	0.000 60	0.000 72	0.000 84	0.000 96
	40	0.000 38	0.000 48	0.000 58	0.000 67	0.000 80	0.000 96	0.001 12	0.001 28
	50	0.000 48	0.000 60	0.000 72	0.000 84	0.001 00	0.001 20	0.001 40	0.001 60
	60	0.000 58	0.000 72	0.000 86	0.001 01	0.001 20	0.001 44	0.001 68	0.001 92
	70	0.000 67	0.000 84	0.001 01	0.001 18	0.001 40	0.001 68	0.001 96	0.002 24
	80	0.000 77	0.000 96	0.001 15	0.001 34	0.001 60	0.001 92	0.002 24	0.002 56
	90	0.000 86	0.001 08	0.001 30	0.001 51	0.001 80	0.002 16	0.002 52	0.002 88
	100	0.000 96	0.001 20	0.001 44	0.001 68	0.002 00	0.002 40	0.002 80	0.003 20
	110	0.001 06	0.001 32	0.001 58	0.001 85	0.002 20	0.002 64	0.003 08	0.003 52
	120	0.001 15	0.001 44	0.001 73	0.002 02	0.002 40	0.002 88	0.003 36	0.003 84
	130	0.001 25	0.001 56	0.001 87	0.002 18	0.002 60	0.003 12	0.003 64	0.004 16
	140	0.001 34	0.001 68	0.002 02	0.002 35	0.002 80	0.003 36	0.003 92	0.004 48
	150	0.001 44	0.001 80	0.002 16	0.002 52	0.003 00	0.003 60	0.004 20	0.004 80

表 1　普 通 锯 材 材 积 表

材长/m	材宽/mm	材厚/mm 材积/m³ 45	50	60	70	80	90	100
0.8	30	0.001 08	0.001 20	0.001 44	0.001 68	0.001 92	0.002 16	0.002 40
	40	0.001 44	0.001 60	0.001 92	0.002 24	0.002 56	0.002 88	0.003 20
	50	0.001 80	0.002 00	0.002 40	0.002 80	0.003 20	0.003 60	0.004 00
	60	0.002 16	0.002 40	0.002 88	0.003 36	0.003 84	0.004 32	0.004 80
	70	0.002 52	0.002 80	0.003 36	0.003 92	0.004 48	0.005 04	0.005 60
	80	0.002 88	0.003 20	0.003 84	0.004 48	0.005 12	0.005 76	0.006 40
	90	0.003 24	0.003 60	0.004 32	0.005 04	0.005 76	0.006 48	0.007 20
	100	0.003 60	0.004 00	0.004 80	0.005 60	0.006 40	0.007 20	0.008 00
	110	0.003 96	0.004 40	0.005 28	0.006 16	0.007 04	0.007 92	0.008 80
	120	0.004 32	0.004 80	0.005 76	0.006 72	0.007 68	0.008 64	0.009 60
	130	0.004 68	0.005 20	0.006 24	0.007 28	0.008 32	0.009 36	0.010 40
	140	0.005 04	0.005 60	0.006 72	0.007 84	0.008 96	0.010 08	0.011 20
	150	0.005 40	0.006 00	0.007 20	0.008 40	0.009 60	0.010 80	0.012 00

表 1　普 通 锯 材 材 积 表

材长/m	材宽/mm ＼ 材厚/mm 材积/m³	12	15	18	21	25	30	35	40
0.8	160	0.001 54	0.001 92	0.002 30	0.002 69	0.003 20	0.003 84	0.004 48	0.005 12
	170	0.001 63	0.002 04	0.002 45	0.002 86	0.003 40	0.004 08	0.004 76	0.005 44
	180	0.001 73	0.002 16	0.002 59	0.003 02	0.003 60	0.004 32	0.005 04	0.005 76
	190	0.001 82	0.002 28	0.002 74	0.003 19	0.003 80	0.004 56	0.005 32	0.006 08
	200	0.001 92	0.002 40	0.002 88	0.003 36	0.004 00	0.004 80	0.005 60	0.006 40
	210	0.002 02	0.002 52	0.003 02	0.003 53	0.004 20	0.005 04	0.005 88	0.006 72
	220	0.002 11	0.002 64	0.003 17	0.003 70	0.004 40	0.005 28	0.006 16	0.007 04
	230	0.002 21	0.002 76	0.003 31	0.003 86	0.004 60	0.005 52	0.006 44	0.007 36
	240	0.002 30	0.002 88	0.003 46	0.004 03	0.004 80	0.005 76	0.006 72	0.007 68
	250	0.002 40	0.003 00	0.003 60	0.004 20	0.005 00	0.006 00	0.007 00	0.008 00
	260	0.002 50	0.003 12	0.003 74	0.004 37	0.005 20	0.006 24	0.007 28	0.008 32
	270	0.002 59	0.003 24	0.003 89	0.004 54	0.005 40	0.006 48	0.007 56	0.008 64
	280	0.002 69	0.003 36	0.004 03	0.004 70	0.005 60	0.006 72	0.007 84	0.008 96
	290	0.002 78	0.003 48	0.004 18	0.004 87	0.005 80	0.006 96	0.008 12	0.009 28
	300	0.002 88	0.003 60	0.004 32	0.005 04	0.006 00	0.007 20	0.008 40	0.009 60

表 1　普 通 锯 材 材 积 表　　　　续表

材长/m	材积/m³　材厚/mm　材宽/mm	45	50	60	70	80	90	100
0.8	160	0.005 76	0.006 40	0.007 68	0.008 96	0.010 24	0.011 52	0.012 80
	170	0.006 12	0.006 80	0.008 16	0.009 52	0.010 88	0.012 24	0.013 60
	180	0.006 48	0.007 20	0.008 64	0.010 08	0.011 52	0.012 96	0.014 40
	190	0.006 84	0.007 60	0.009 12	0.010 64	0.012 16	0.013 68	0.015 20
	200	0.007 20	0.008 00	0.009 60	0.011 20	0.012 80	0.014 40	0.016 00
	210	0.007 56	0.008 40	0.010 08	0.011 76	0.013 44	0.015 12	0.016 80
	220	0.007 92	0.008 80	0.010 56	0.012 32	0.014 08	0.015 84	0.017 60
	230	0.008 28	0.009 20	0.011 04	0.012 88	0.014 72	0.016 56	0.018 40
	240	0.008 64	0.009 60	0.011 52	0.013 44	0.015 36	0.017 28	0.019 20
	250	0.009 00	0.010 00	0.012 00	0.014 00	0.016 00	0.018 00	0.020 00
	260	0.009 36	0.010 40	0.012 48	0.014 56	0.016 64	0.018 72	0.020 80
	270	0.009 72	0.010 80	0.012 96	0.015 12	0.017 28	0.019 44	0.021 60
	280	0.010 08	0.011 20	0.013 44	0.015 68	0.017 92	0.020 16	0.022 40
	290	0.010 44	0.011 60	0.013 92	0.016 24	0.018 56	0.020 88	0.022 40
	300	0.010 80	0.012 00	0.014 40	0.016 80	0.019 20	0.021 60	0.024 00

表 1　普通锯材材积表　　　　　　　　续表

材长/m	材积/m³　材厚/mm 材宽/mm	12	15	18	21	25	30	35	40
0.9	30	0.000 32	0.000 41	0.000 49	0.000 57	0.000 68	0.000 81	0.000 95	0.001 08
	40	0.000 43	0.000 54	0.000 65	0.000 76	0.000 90	0.001 08	0.001 26	0.001 44
	50	0.000 54	0.000 68	0.000 81	0.000 95	0.001 13	0.001 35	0.001 58	0.001 80
	60	0.000 65	0.000 81	0.000 97	0.001 13	0.001 35	0.001 62	0.001 89	0.002 16
	70	0.000 76	0.000 95	0.001 13	0.001 32	0.001 58	0.001 89	0.002 21	0.002 52
	80	0.000 86	0.001 08	0.001 30	0.001 51	0.001 80	0.002 16	0.002 52	0.002 88
	90	0.000 97	0.001 22	0.001 46	0.001 70	0.002 03	0.002 43	0.002 84	0.003 24
	100	0.001 08	0.001 35	0.001 62	0.001 89	0.002 25	0.002 70	0.003 15	0.003 60
	110	0.001 19	0.001 49	0.001 78	0.002 08	0.002 48	0.002 97	0.003 47	0.003 96
	120	0.001 30	0.001 62	0.001 94	0.002 27	0.002 70	0.003 24	0.003 78	0.004 32
	130	0.001 40	0.001 76	0.002 11	0.002 46	0.002 93	0.003 51	0.004 10	0.004 68
	140	0.001 51	0.001 89	0.002 27	0.002 65	0.003 15	0.003 78	0.004 41	0.005 04
	150	0.001 62	0.002 03	0.002 43	0.002 84	0.003 38	0.004 05	0.004 73	0.005 40

表 1 普 通 锯 材 材 积 表　　　　　续表

材长/m	材宽/mm，材积/m³，材厚/mm	45	50	60	70	80	90	100
	30	0.001 22	0.001 35	0.001 62	0.001 89	0.002 16	0.002 43	0.002 70
	40	0.001 62	0.001 80	0.002 16	0.002 52	0.002 88	0.003 24	0.003 60
	50	0.002 03	0.002 25	0.002 70	0.003 15	0.003 60	0.004 05	0.004 50
	60	0.002 43	0.002 70	0.003 24	0.003 78	0.004 32	0.004 86	0.005 40
	70	0.002 84	0.003 15	0.003 78	0.004 41	0.005 04	0.005 67	0.006 30
0.9	80	0.003 24	0.003 60	0.004 32	0.005 04	0.005 76	0.006 48	0.007 20
	90	0.003 65	0.004 05	0.004 86	0.005 67	0.006 48	0.007 29	0.008 10
	100	0.004 05	0.004 50	0.005 40	0.006 30	0.007 20	0.008 10	0.009 00
	110	0.004 46	0.004 95	0.005 94	0.006 93	0.007 92	0.008 91	0.009 90
	120	0.004 86	0.005 40	0.006 48	0.007 56	0.008 64	0.009 72	0.010 80
	130	0.005 27	0.005 85	0.007 02	0.008 19	0.009 36	0.010 53	0.011 70
	140	0.005 67	0.006 30	0.007 56	0.008 82	0.010 08	0.011 34	0.012 60
	150	0.006 08	0.006 75	0.008 10	0.009 45	0.010 80	0.012 15	0.013 50

表 1 普通锯材材积表 续表

材长/m	材宽/mm 材厚/mm 材积/m³	12	15	18	21	25	30	35	40
	160	0.001 73	0.002 16	0.002 59	0.003 02	0.003 60	0.004 32	0.005 04	0.005 76
	170	0.001 84	0.002 30	0.002 75	0.003 21	0.003 83	0.004 59	0.005 36	0.006 12
	180	0.001 94	0.002 43	0.002 92	0.003 40	0.004 05	0.004 86	0.005 67	0.006 48
	190	0.002 05	0.002 57	0.003 08	0.003 59	0.004 28	0.005 13	0.005 99	0.006 84
	200	0.002 16	0.002 70	0.003 24	0.003 78	0.004 50	0.005 40	0.006 30	0.007 20
	210	0.002 27	0.002 84	0.003 40	0.003 97	0.004 73	0.005 67	0.006 62	0.007 56
	220	0.002 38	0.002 97	0.003 56	0.004 16	0.004 95	0.005 94	0.006 93	0.007 92
	230	0.002 48	0.003 11	0.003 73	0.004 35	0.005 18	0.006 21	0.007 25	0.008 28
0.9	240	0.002 59	0.003 24	0.003 89	0.004 54	0.005 40	0.006 48	0.007 56	0.008 64
	250	0.002 70	0.003 38	0.004 05	0.004 73	0.005 63	0.006 75	0.007 88	0.009 00
	260	0.002 81	0.003 51	0.004 21	0.004 91	0.005 85	0.007 02	0.008 19	0.009 36
	270	0.002 92	0.003 65	0.004 37	0.005 10	0.006 08	0.007 29	0.008 51	0.009 72
	280	0.003 02	0.003 78	0.004 54	0.005 29	0.006 30	0.007 56	0.008 82	0.010 08
	290	0.003 13	0.003 92	0.004 70	0.005 48	0.006 53	0.007 83	0.009 14	0.010 44
	300	0.003 24	0.004 05	0.004 86	0.005 67	0.006 75	0.008 10	0.009 45	0.010 80

表 1 普通锯材材积表　　　　　　续表

| 材长/m | 材宽/mm | 材积/m³　材厚/mm | | | | | | |
		45	50	60	70	80	90	100
0.9	160	0.006 48	0.007 20	0.008 64	0.010 08	0.011 52	0.012 96	0.014 40
	170	0.006 89	0.007 65	0.009 18	0.010 71	0.012 24	0.013 77	0.015 30
	180	0.007 29	0.008 10	0.009 72	0.011 34	0.012 96	0.014 58	0.016 20
	190	0.007 70	0.008 55	0.010 26	0.011 97	0.013 68	0.015 39	0.017 10
	200	0.008 10	0.009 00	0.010 80	0.012 60	0.014 40	0.016 20	0.018 00
	210	0.008 51	0.009 45	0.011 34	0.013 23	0.015 12	0.017 01	0.018 90
	220	0.008 91	0.009 90	0.011 88	0.013 86	0.015 84	0.017 82	0.019 80
	230	0.009 32	0.010 35	0.012 42	0.014 49	0.016 56	0.018 63	0.020 70
	240	0.009 72	0.010 80	0.012 96	0.015 12	0.017 28	0.019 44	0.021 60
	250	0.010 13	0.011 25	0.013 50	0.015 75	0.018 00	0.020 25	0.022 50
	260	0.010 53	0.011 70	0.014 04	0.016 38	0.018 72	0.021 06	0.023 40
	270	0.010 94	0.012 15	0.014 58	0.017 01	0.019 44	0.021 87	0.024 30
	280	0.011 34	0.012 60	0.015 12	0.017 64	0.020 16	0.022 68	0.025 20
	290	0.011 75	0.013 05	0.015 66	0.018 27	0.020 88	0.023 49	0.026 10
	300	0.012 15	0.013 50	0.016 20	0.018 90	0.021 60	0.024 30	0.027 00

表 1 普 通 锯 材 材 积 表　　　　　　续表

材长 /m	材宽 /mm	材厚 /mm							
		12	15	18	21	25	30	35	40
1.0	30	0.000 36	0.000 45	0.000 54	0.000 63	0.000 75	0.000 90	0.001 05	0.001 20
	40	0.000 48	0.000 60	0.000 72	0.000 84	0.001 00	0.001 20	0.001 40	0.001 60
	50	0.000 60	0.000 75	0.000 90	0.001 05	0.001 25	0.001 50	0.001 75	0.002 00
	60	0.000 72	0.000 90	0.001 08	0.001 26	0.001 50	0.001 80	0.002 10	0.002 40
	70	0.000 84	0.001 05	0.001 26	0.001 47	0.001 75	0.002 10	0.002 45	0.002 80
	80	0.000 96	0.001 20	0.001 44	0.001 68	0.002 00	0.002 40	0.002 80	0.003 20
	90	0.001 08	0.001 35	0.001 62	0.001 89	0.002 25	0.002 70	0.003 15	0.003 60
	100	0.001 20	0.001 50	0.001 80	0.002 10	0.002 50	0.003 00	0.003 50	0.004 00
	110	0.001 32	0.001 65	0.001 98	0.002 31	0.002 75	0.003 30	0.003 85	0.004 40
	120	0.001 44	0.001 80	0.002 16	0.002 52	0.003 00	0.003 60	0.004 20	0.004 80
	130	0.001 56	0.001 95	0.002 34	0.002 73	0.003 25	0.003 90	0.004 55	0.005 20
	140	0.001 68	0.002 10	0.002 52	0.002 94	0.003 50	0.004 20	0.004 90	0.005 60
	150	0.001 80	0.002 25	0.002 70	0.003 15	0.003 75	0.004 50	0.005 25	0.006 00

表 1 普 通 锯 材 材 积 表

材长/m	材宽/mm	材厚/mm 45	50	60	70	80	90	100
	30	0.001 35	0.001 50	0.001 80	0.002 10	0.002 40	0.002 70	0.003 00
	40	0.001 80	0.002 00	0.002 40	0.002 80	0.003 20	0.003 60	0.004 00
	50	0.002 25	0.002 50	0.003 00	0.003 50	0.004 00	0.004 50	0.005 00
	60	0.002 70	0.003 00	0.003 60	0.004 20	0.004 80	0.005 40	0.006 00
	70	0.003 15	0.003 50	0.004 20	0.004 90	0.005 60	0.006 30	0.007 00
1.0	80	0.003 60	0.004 00	0.004 80	0.005 60	0.006 40	0.007 20	0.008 00
	90	0.004 05	0.004 50	0.005 40	0.006 30	0.007 20	0.008 10	0.009 00
	100	0.004 50	0.005 00	0.006 00	0.007 00	0.008 00	0.009 00	0.010 00
	110	0.004 95	0.005 50	0.006 60	0.007 70	0.008 80	0.009 90	0.011 00
	120	0.005 40	0.006 00	0.007 20	0.008 40	0.009 60	0.010 80	0.012 00
	130	0.005 85	0.006 50	0.007 80	0.009 10	0.010 40	0.011 70	0.013 00
	140	0.006 30	0.007 00	0.008 40	0.009 80	0.011 20	0.012 60	0.014 00
	150	0.006 75	0.007 50	0.009 00	0.010 50	0.012 00	0.013 50	0.015 00

表 1　普 通 锯 材 材 积 表　　　　　　　续表

材长/m	材宽/mm (材积/m³, 材厚/mm)	12	15	18	21	25	30	35	40
1.0	160	0.001 92	0.002 40	0.002 88	0.003 36	0.004 00	0.004 80	0.005 60	0.006 40
	170	0.002 04	0.002 55	0.003 06	0.003 57	0.004 25	0.005 10	0.005 95	0.006 80
	180	0.002 16	0.002 70	0.003 24	0.003 78	0.004 50	0.005 40	0.006 30	0.007 20
	190	0.002 28	0.002 85	0.003 42	0.003 99	0.004 75	0.005 70	0.006 65	0.007 60
	200	0.002 40	0.003 00	0.003 60	0.004 20	0.005 00	0.006 00	0.007 00	0.008 00
	210	0.002 52	0.003 15	0.003 78	0.004 41	0.005 25	0.006 30	0.007 35	0.008 40
	220	0.002 64	0.003 30	0.003 96	0.004 62	0.005 50	0.006 60	0.007 70	0.008 80
	230	0.002 76	0.003 45	0.004 14	0.004 83	0.005 75	0.006 90	0.008 05	0.009 20
	240	0.002 88	0.003 60	0.004 32	0.005 04	0.006 00	0.007 20	0.008 40	0.009 60
	250	0.003 00	0.003 75	0.004 50	0.005 25	0.006 25	0.007 50	0.008 75	0.010 00
	260	0.003 12	0.003 90	0.004 68	0.005 46	0.006 50	0.007 80	0.009 10	0.010 40
	270	0.003 24	0.004 05	0.004 86	0.005 67	0.006 75	0.008 10	0.009 45	0.010 80
	280	0.003 36	0.004 20	0.005 04	0.005 88	0.007 00	0.008 40	0.009 80	0.011 20
	290	0.003 48	0.004 35	0.005 22	0.006 09	0.007 25	0.008 70	0.010 15	0.011 60
	300	0.003 60	0.004 50	0.005 40	0.006 30	0.007 50	0.009 00	0.010 50	0.012 00

表 1　普通锯材材积表　　　续表

材长/m	材积/m³ 材厚/mm 材宽/mm	45	50	60	70	80	90	100
1.0	160	0.007 20	0.008 00	0.009 60	0.011 20	0.012 80	0.014 40	0.016 00
	170	0.007 65	0.008 50	0.010 20	0.011 90	0.013 60	0.015 30	0.017 00
	180	0.008 10	0.009 00	0.010 80	0.012 60	0.014 40	0.016 20	0.018 00
	190	0.008 55	0.009 50	0.011 40	0.013 30	0.015 20	0.017 10	0.019 00
	200	0.009 00	0.010 00	0.012 00	0.014 00	0.016 00	0.018 00	0.020 00
	210	0.009 45	0.010 50	0.012 60	0.014 70	0.016 80	0.018 90	0.021 00
	220	0.009 90	0.011 00	0.013 20	0.015 40	0.017 60	0.019 80	0.022 00
	230	0.010 35	0.011 50	0.013 80	0.016 10	0.018 40	0.020 70	0.023 00
	240	0.010 80	0.012 00	0.014 40	0.016 80	0.019 20	0.021 60	0.024 00
	250	0.011 25	0.012 50	0.015 00	0.017 50	0.020 00	0.022 50	0.025 00
	260	0.011 70	0.013 00	0.015 60	0.018 20	0.020 80	0.023 40	0.026 00
	270	0.012 15	0.013 50	0.016 20	0.018 90	0.021 60	0.024 30	0.027 00
	280	0.012 60	0.014 00	0.016 80	0.019 60	0.022 40	0.025 20	0.028 00
	290	0.013 05	0.014 50	0.017 40	0.020 30	0.023 20	0.026 10	0.029 00
	300	0.013 50	0.015 00	0.018 00	0.021 00	0.024 00	0.027 00	0.030 00

表 1　普通锯材材积表　　　　　　　续表

材长/m	材宽/mm	材厚/mm 材积/m³ 12	15	18	21	25	30	35	40
1.1	30	0.000 40	0.000 50	0.000 59	0.000 69	0.000 83	0.000 99	0.001 16	0.001 32
	40	0.000 53	0.000 66	0.000 79	0.000 92	0.001 10	0.001 32	0.001 54	0.001 76
	50	0.000 66	0.000 83	0.000 99	0.001 16	0.001 38	0.001 65	0.001 93	0.002 20
	60	0.000 79	0.000 99	0.001 19	0.001 39	0.001 65	0.001 98	0.002 31	0.002 64
	70	0.000 92	0.001 16	0.001 39	0.001 62	0.001 93	0.002 31	0.002 70	0.003 08
	80	0.001 06	0.001 32	0.001 58	0.001 85	0.002 20	0.002 64	0.003 08	0.003 52
	90	0.001 19	0.001 49	0.001 78	0.002 08	0.002 48	0.002 97	0.003 47	0.003 96
	100	0.001 32	0.001 65	0.001 98	0.002 31	0.002 75	0.003 30	0.003 85	0.004 40
	110	0.001 45	0.001 82	0.002 18	0.002 54	0.003 03	0.003 63	0.004 24	0.004 84
	120	0.001 58	0.001 98	0.002 38	0.002 77	0.003 30	0.003 96	0.004 62	0.005 28
	130	0.001 72	0.002 15	0.002 57	0.003 00	0.003 58	0.004 29	0.005 01	0.005 72
	140	0.001 85	0.002 31	0.002 77	0.003 23	0.003 85	0.004 62	0.005 39	0.006 16
	150	0.001 98	0.002 48	0.002 97	0.003 47	0.004 13	0.004 95	0.005 78	0.006 60

表 1 普 通 锯 材 材 积 表

材长/m	材宽/mm	材积/m³ \ 材厚/mm 45	50	60	70	80	90	100
1.1	30	0.001 49	0.001 65	0.001 98	0.002 31	0.002 64	0.002 97	0.003 30
	40	0.001 98	0.002 20	0.002 64	0.003 08	0.003 52	0.003 96	0.004 40
	50	0.002 48	0.002 75	0.003 30	0.003 85	0.004 40	0.004 95	0.005 50
	60	0.002 97	0.003 30	0.003 96	0.004 62	0.005 28	0.005 94	0.006 60
	70	0.003 47	0.003 85	0.004 62	0.005 39	0.006 16	0.006 93	0.007 70
	80	0.003 96	0.004 40	0.005 28	0.006 16	0.007 04	0.007 92	0.008 80
	90	0.004 46	0.004 95	0.005 94	0.006 93	0.007 92	0.008 91	0.009 90
	100	0.004 95	0.005 50	0.006 60	0.007 70	0.008 80	0.009 90	0.011 00
	110	0.005 45	0.006 05	0.007 26	0.008 47	0.009 68	0.010 89	0.012 10
	120	0.005 94	0.006 60	0.007 92	0.009 24	0.010 56	0.011 88	0.013 20
	130	0.006 44	0.007 15	0.008 58	0.010 01	0.011 44	0.012 87	0.014 30
	140	0.006 93	0.007 70	0.009 24	0.010 78	0.012 32	0.013 86	0.015 40
	150	0.007 43	0.008 25	0.009 90	0.011 55	0.013 20	0.014 85	0.016 50

表 1 普 通 锯 材 材 积 表

材长/m	材宽/mm 材积/m³ 材厚/mm	12	15	18	21	25	30	35	40
1.1	160	0.002 11	0.002 64	0.003 17	0.003 70	0.004 40	0.005 28	0.006 16	0.007 04
	170	0.002 24	0.002 81	0.003 37	0.003 93	0.004 68	0.005 61	0.006 55	0.007 48
	180	0.002 38	0.002 97	0.003 56	0.004 16	0.004 95	0.005 94	0.006 93	0.007 92
	190	0.002 51	0.003 14	0.003 76	0.004 39	0.005 23	0.006 27	0.007 32	0.008 36
	200	0.002 64	0.003 30	0.003 96	0.004 62	0.005 50	0.006 60	0.007 70	0.008 80
	210	0.002 77	0.003 47	0.004 16	0.004 85	0.005 78	0.006 93	0.008 09	0.009 24
	220	0.002 90	0.003 63	0.004 36	0.005 08	0.006 05	0.007 26	0.008 47	0.009 68
	230	0.003 04	0.003 80	0.004 55	0.005 31	0.006 33	0.007 59	0.008 86	0.010 12
	240	0.003 17	0.003 96	0.004 75	0.005 54	0.006 60	0.007 92	0.009 24	0.010 56
	250	0.003 30	0.004 13	0.004 95	0.005 78	0.006 88	0.008 25	0.009 63	0.011 00
	260	0.003 43	0.004 29	0.005 15	0.006 01	0.007 15	0.008 58	0.010 01	0.011 44
	270	0.003 56	0.004 46	0.005 35	0.006 24	0.007 43	0.008 91	0.010 40	0.011 88
	280	0.003 70	0.004 62	0.005 54	0.006 47	0.007 70	0.009 24	0.010 78	0.012 32
	290	0.003 83	0.004 79	0.005 74	0.006 70	0.007 98	0.009 57	0.011 17	0.012 76
	300	0.003 96	0.004 95	0.005 94	0.006 93	0.008 25	0.009 90	0.011 55	0.013 20

表 1 普通锯材材积表　续表

材积/m³ 材厚/mm 材长/m　材宽/mm	45	50	60	70	80	90	100
160	0.007 92	0.008 80	0.010 56	0.012 32	0.014 08	0.015 84	0.017 60
170	0.008 42	0.009 35	0.011 22	0.013 09	0.014 96	0.016 83	0.018 70
180	0.008 91	0.009 90	0.011 88	0.013 86	0.015 84	0.017 82	0.019 80
190	0.009 41	0.010 45	0.012 54	0.014 63	0.016 72	0.018 81	0.020 90
200	0.009 90	0.011 00	0.013 20	0.015 40	0.017 60	0.019 80	0.022 00
210	0.010 40	0.011 55	0.013 86	0.016 17	0.018 48	0.020 79	0.023 10
220	0.010 89	0.012 10	0.014 52	0.016 94	0.019 36	0.021 78	0.024 20
230	0.011 39	0.012 65	0.015 18	0.017 71	0.020 24	0.022 77	0.025 30
240	0.011 88	0.013 20	0.015 84	0.018 48	0.021 12	0.023 76	0.026 40
250	0.012 38	0.013 75	0.016 50	0.019 25	0.022 00	0.024 75	0.027 50
260	0.012 87	0.014 30	0.017 16	0.020 02	0.022 88	0.025 74	0.028 60
270	0.013 37	0.014 85	0.017 82	0.020 79	0.023 76	0.026 73	0.029 70
280	0.013 86	0.015 40	0.018 48	0.021 56	0.024 64	0.027 72	0.030 80
290	0.014 36	0.015 95	0.019 14	0.022 33	0.025 52	0.028 71	0.031 90
300	0.014 85	0.016 50	0.019 80	0.023 10	0.026 40	0.029 70	0.033 00

材长 1.1 m

表 1　普 通 锯 材 材 积 表　　　　　续表

材长/m	材积/m³ 材宽/mm	材厚/mm 12	15	18	21	25	30	35	40
1.2	30	0.000 43	0.000 54	0.000 65	0.000 76	0.000 90	0.001 08	0.001 26	0.001 44
	40	0.000 58	0.000 72	0.000 86	0.001 01	0.001 20	0.001 44	0.001 68	0.001 92
	50	0.000 72	0.000 90	0.001 08	0.001 26	0.001 50	0.001 80	0.002 10	0.002 40
	60	0.000 86	0.001 08	0.001 30	0.001 51	0.001 80	0.002 16	0.002 52	0.002 88
	70	0.001 01	0.001 26	0.001 51	0.001 76	0.002 10	0.002 52	0.002 94	0.003 36
	80	0.001 15	0.001 44	0.001 73	0.002 02	0.002 40	0.002 88	0.003 36	0.003 84
	90	0.001 30	0.001 62	0.001 94	0.002 27	0.002 70	0.003 24	0.003 78	0.004 32
	100	0.001 44	0.001 80	0.002 16	0.002 52	0.003 00	0.003 60	0.004 20	0.004 80
	110	0.001 58	0.001 98	0.002 38	0.002 77	0.003 30	0.003 96	0.004 62	0.005 28
	120	0.001 73	0.002 16	0.002 59	0.003 02	0.003 60	0.004 32	0.005 04	0.005 76
	130	0.001 87	0.002 34	0.002 81	0.003 28	0.003 90	0.004 68	0.005 46	0.006 24
	140	0.002 02	0.002 52	0.003 02	0.003 53	0.004 20	0.005 04	0.005 88	0.006 72
	150	0.002 16	0.002 70	0.003 24	0.003 78	0.004 50	0.005 40	0.006 30	0.007 20

表 1 普 通 锯 材 材 积 表

材长/m	材宽/mm （材积/m³ 材厚/mm）	45	50	60	70	80	90	100
1.2	30	0.001 62	0.001 80	0.002 16	0.002 52	0.002 88	0.003 24	0.003 60
	40	0.002 16	0.002 40	0.002 88	0.003 36	0.003 84	0.004 32	0.004 80
	50	0.002 70	0.003 00	0.003 60	0.004 20	0.004 80	0.005 40	0.006 00
	60	0.003 24	0.003 60	0.004 32	0.005 04	0.005 76	0.006 48	0.007 20
	70	0.003 78	0.004 20	0.005 04	0.005 88	0.006 72	0.007 56	0.008 40
	80	0.004 32	0.004 80	0.005 76	0.006 72	0.007 68	0.008 64	0.009 60
	90	0.004 86	0.005 40	0.006 48	0.007 56	0.008 64	0.009 72	0.010 80
	100	0.005 40	0.006 00	0.007 20	0.008 40	0.009 60	0.010 80	0.012 00
	110	0.005 94	0.006 60	0.007 92	0.009 24	0.010 56	0.011 88	0.013 20
	120	0.006 48	0.007 20	0.008 64	0.010 08	0.011 52	0.012 96	0.014 40
	130	0.007 02	0.007 80	0.009 36	0.010 92	0.012 48	0.014 04	0.015 60
	140	0.007 56	0.008 40	0.010 08	0.011 76	0.013 44	0.015 12	0.016 80
	150	0.008 10	0.009 00	0.010 80	0.012 60	0.014 40	0.016 20	0.018 00

表 1 普 通 锯 材 材 积 表

材长/m	材宽/mm	材积/m³ 材厚/mm 12	15	18	21	25	30	35	40
	160	0.002 30	0.002 88	0.003 46	0.004 03	0.004 80	0.005 76	0.006 72	0.007 68
	170	0.002 45	0.003 06	0.003 67	0.004 28	0.005 10	0.006 12	0.007 14	0.008 16
	180	0.002 59	0.003 24	0.003 89	0.004 54	0.005 40	0.006 48	0.007 56	0.008 64
	190	0.002 74	0.003 42	0.004 10	0.004 79	0.005 70	0.006 84	0.007 98	0.009 12
	200	0.002 88	0.003 60	0.004 32	0.005 04	0.006 00	0.007 20	0.008 40	0.009 60
	210	0.003 02	0.003 78	0.004 54	0.005 29	0.006 30	0.007 56	0.008 82	0.010 08
	220	0.003 17	0.003 96	0.004 75	0.005 54	0.006 60	0.007 92	0.009 24	0.010 56
1.2	230	0.003 31	0.004 14	0.004 97	0.005 80	0.006 90	0.008 28	0.009 66	0.011 04
	240	0.003 46	0.004 32	0.005 18	0.006 05	0.007 20	0.008 64	0.010 08	0.011 52
	250	0.003 60	0.004 50	0.005 40	0.006 30	0.007 50	0.009 00	0.010 50	0.012 00
	260	0.003 74	0.004 68	0.005 62	0.006 55	0.007 80	0.009 36	0.010 92	0.012 48
	270	0.003 89	0.004 86	0.005 83	0.006 80	0.008 10	0.009 72	0.011 34	0.012 96
	280	0.004 03	0.005 04	0.006 05	0.007 06	0.008 40	0.010 08	0.011 76	0.013 44
	290	0.004 18	0.005 22	0.006 26	0.007 31	0.008 70	0.010 44	0.012 18	0.013 92
	300	0.004 32	0.005 40	0.006 48	0.007 56	0.009 00	0.010 80	0.012 60	0.014 40

表 1 普 通 锯 材 材 积 表

材长/m	材积/m³ 材厚/mm 材宽/mm	45	50	60	70	80	90	100
1.2	160	0.008 64	0.009 60	0.011 52	0.013 44	0.015 36	0.017 28	0.019 20
	170	0.009 18	0.010 20	0.012 24	0.014 28	0.016 32	0.018 36	0.020 40
	180	0.009 72	0.010 80	0.012 96	0.015 12	0.017 28	0.019 44	0.021 60
	190	0.010 26	0.011 40	0.013 68	0.015 96	0.018 24	0.020 52	0.022 80
	200	0.010 80	0.012 00	0.014 40	0.016 80	0.019 20	0.021 60	0.024 00
	210	0.011 34	0.012 60	0.015 12	0.017 64	0.020 16	0.022 68	0.025 20
	220	0.011 88	0.013 20	0.015 84	0.018 48	0.021 12	0.023 76	0.026 40
	230	0.012 42	0.013 80	0.016 56	0.019 32	0.022 08	0.024 84	0.027 60
	240	0.012 96	0.014 40	0.017 28	0.020 16	0.023 04	0.025 92	0.028 80
	250	0.013 50	0.015 00	0.018 00	0.021 00	0.024 00	0.027 00	0.030 00
	260	0.014 04	0.015 60	0.018 72	0.021 84	0.024 96	0.028 08	0.031 20
	270	0.014 58	0.016 20	0.019 44	0.022 68	0.025 92	0.029 16	0.032 40
	280	0.015 12	0.016 80	0.020 16	0.023 52	0.026 88	0.030 24	0.033 60
	290	0.015 66	0.017 40	0.020 88	0.024 36	0.027 84	0.031 32	0.034 80
	300	0.016 20	0.018 00	0.021 60	0.025 20	0.028 80	0.032 40	0.036 00

表 1 普 通 锯 材 材 积 表　　　续表

材长/m	材宽/mm \ 材厚/mm	12	15	18	21	25	30	35	40
1.3	30	0.000 47	0.000 59	0.000 70	0.000 82	0.000 98	0.001 17	0.001 37	0.001 56
	40	0.000 62	0.000 78	0.000 94	0.001 09	0.001 30	0.001 56	0.001 82	0.002 08
	50	0.000 78	0.000 98	0.001 17	0.001 37	0.001 63	0.001 95	0.002 28	0.002 60
	60	0.000 94	0.001 17	0.001 40	0.001 64	0.001 95	0.002 34	0.002 73	0.003 12
	70	0.001 09	0.001 37	0.001 64	0.001 91	0.002 28	0.002 73	0.003 19	0.003 64
	80	0.001 25	0.001 56	0.001 87	0.002 18	0.002 60	0.003 12	0.003 64	0.004 16
	90	0.001 40	0.001 76	0.002 11	0.002 46	0.002 93	0.003 51	0.004 10	0.004 68
	100	0.001 56	0.001 95	0.002 34	0.002 73	0.003 25	0.003 90	0.004 55	0.005 20
	110	0.001 72	0.002 15	0.002 57	0.003 00	0.003 58	0.004 29	0.005 01	0.005 72
	120	0.001 87	0.002 34	0.002 81	0.003 28	0.003 90	0.004 68	0.005 46	0.006 24
	130	0.002 03	0.002 54	0.003 04	0.003 55	0.004 23	0.005 07	0.005 92	0.006 76
	140	0.002 18	0.002 73	0.003 28	0.003 82	0.004 55	0.005 46	0.006 37	0.007 28
	150	0.002 34	0.002 93	0.003 51	0.004 10	0.004 88	0.005 85	0.006 83	0.007 80

表 1 普 通 锯 材 材 积 表 　　　　　　　　　　　　　　　续表

材长/m	材宽/mm	材积/m³ 材厚/mm 45	50	60	70	80	90	100
1.3	30	0.001 76	0.001 95	0.002 34	0.002 73	0.003 12	0.003 51	0.003 90
	40	0.002 34	0.002 60	0.003 12	0.003 64	0.004 16	0.004 68	0.005 20
	50	0.002 93	0.003 25	0.003 90	0.004 55	0.005 20	0.005 85	0.006 50
	60	0.003 51	0.003 90	0.004 68	0.005 46	0.006 24	0.007 02	0.007 80
	70	0.004 10	0.004 55	0.005 46	0.006 37	0.007 28	0.008 19	0.009 10
	80	0.004 68	0.005 20	0.006 24	0.007 28	0.008 32	0.009 36	0.010 40
	90	0.005 27	0.005 85	0.007 02	0.008 19	0.009 36	0.010 53	0.011 70
	100	0.005 85	0.006 50	0.007 80	0.009 10	0.010 40	0.011 70	0.013 00
	110	0.006 44	0.007 15	0.008 58	0.010 01	0.011 44	0.012 87	0.014 30
	120	0.007 02	0.007 80	0.009 36	0.010 92	0.012 48	0.014 04	0.015 60
	130	0.007 61	0.008 45	0.010 14	0.011 83	0.013 52	0.015 21	0.016 90
	140	0.008 19	0.009 10	0.010 92	0.012 74	0.014 56	0.016 38	0.018 20
	150	0.008 78	0.009 75	0.011 70	0.013 65	0.015 60	0.017 55	0.019 50

表 1　普　通　锯　材　材　积　表　　　　　　续表

材长/m	材积/m³ 材宽/mm　材厚/mm	12	15	18	21	25	30	35	40
1.3	160	0.002 50	0.003 12	0.003 74	0.004 37	0.005 20	0.006 24	0.007 28	0.008 32
	170	0.002 65	0.003 32	0.003 98	0.004 64	0.005 53	0.006 63	0.007 74	0.008 84
	180	0.002 81	0.003 51	0.004 21	0.004 91	0.005 85	0.007 02	0.008 19	0.009 36
	190	0.002 96	0.003 71	0.004 45	0.005 19	0.006 18	0.007 41	0.008 65	0.009 88
	200	0.003 12	0.003 90	0.004 68	0.005 46	0.006 50	0.007 80	0.009 10	0.010 40
	210	0.003 28	0.004 10	0.004 91	0.005 73	0.006 83	0.008 19	0.009 56	0.010 92
	220	0.003 43	0.004 29	0.005 15	0.006 01	0.007 15	0.008 58	0.010 01	0.011 44
	230	0.003 59	0.004 49	0.005 38	0.006 28	0.007 48	0.008 97	0.010 47	0.011 96
	240	0.003 74	0.004 68	0.005 62	0.006 55	0.007 80	0.009 36	0.010 92	0.012 48
	250	0.003 90	0.004 88	0.005 85	0.006 83	0.008 13	0.009 75	0.011 38	0.013 00
	260	0.004 06	0.005 07	0.006 08	0.007 10	0.008 45	0.010 14	0.011 83	0.013 52
	270	0.004 21	0.005 27	0.006 32	0.007 37	0.008 78	0.010 53	0.012 29	0.014 04
	280	0.004 37	0.005 46	0.006 55	0.007 64	0.009 10	0.010 92	0.012 74	0.014 56
	290	0.004 52	0.005 66	0.006 79	0.007 92	0.009 43	0.011 31	0.013 20	0.015 08
	300	0.004 68	0.005 85	0.007 02	0.008 19	0.009 75	0.011 70	0.013 65	0.015 60

表 1 普 通 锯 材 材 积 表　　　　　续表

材长/m	材宽/mm ＼ 材厚/mm　材积/m³	45	50	60	70	80	90	100
1.3	160	0.009 36	0.010 40	0.012 48	0.014 56	0.016 64	0.018 72	0.020 80
	170	0.009 95	0.011 05	0.013 26	0.015 47	0.017 68	0.019 89	0.022 10
	180	0.010 53	0.011 70	0.014 04	0.016 38	0.018 72	0.021 06	0.023 40
	190	0.011 12	0.012 35	0.014 82	0.017 29	0.019 76	0.022 23	0.024 70
	200	0.011 70	0.013 00	0.015 60	0.018 20	0.020 80	0.023 40	0.026 00
	210	0.012 29	0.013 65	0.016 38	0.019 11	0.021 84	0.024 57	0.027 30
	220	0.012 87	0.014 30	0.017 16	0.020 02	0.022 88	0.025 74	0.028 60
	230	0.013 46	0.014 95	0.017 94	0.020 93	0.023 92	0.026 91	0.029 90
	240	0.014 04	0.015 60	0.018 72	0.021 84	0.024 96	0.028 08	0.031 20
	250	0.014 63	0.016 25	0.019 50	0.022 75	0.026 00	0.029 25	0.032 50
	260	0.015 21	0.016 90	0.020 28	0.023 66	0.027 04	0.030 42	0.033 80
	270	0.015 80	0.017 55	0.021 06	0.024 57	0.028 08	0.031 59	0.035 10
	280	0.016 38	0.018 20	0.021 84	0.025 48	0.029 12	0.032 76	0.036 40
	290	0.016 97	0.018 85	0.022 62	0.026 39	0.030 16	0.033 93	0.037 70
	300	0.017 55	0.019 50	0.023 40	0.027 30	0.031 20	0.035 10	0.039 00

表 1 普通锯材材积表

续表

材长/m	材宽/mm	材积/m³ 材厚/mm 12	15	18	21	25	30	35	40
1.4	30	0.000 50	0.000 63	0.000 76	0.000 88	0.001 05	0.001 26	0.001 47	0.001 68
	40	0.000 67	0.000 84	0.001 01	0.001 18	0.001 40	0.001 68	0.001 96	0.002 24
	50	0.000 84	0.001 05	0.001 26	0.001 47	0.001 75	0.002 10	0.002 45	0.002 80
	60	0.001 01	0.001 26	0.001 51	0.001 76	0.002 10	0.002 52	0.002 94	0.003 36
	70	0.001 18	0.001 47	0.001 76	0.002 06	0.002 45	0.002 94	0.003 43	0.003 92
	80	0.001 34	0.001 68	0.002 02	0.002 35	0.002 80	0.003 36	0.003 92	0.004 48
	90	0.001 51	0.001 89	0.002 27	0.002 65	0.003 15	0.003 78	0.004 41	0.005 04
	100	0.001 68	0.002 10	0.002 52	0.002 94	0.003 50	0.004 20	0.004 90	0.005 60
	110	0.001 85	0.002 31	0.002 77	0.003 23	0.003 85	0.004 62	0.005 39	0.006 16
	120	0.002 02	0.002 52	0.003 02	0.003 53	0.004 20	0.005 04	0.005 88	0.006 72
	130	0.002 18	0.002 73	0.003 28	0.003 82	0.004 55	0.005 46	0.006 37	0.007 28
	140	0.002 35	0.002 94	0.003 53	0.004 12	0.004 90	0.005 88	0.006 86	0.007 84
	150	0.002 52	0.003 15	0.003 78	0.004 41	0.005 25	0.006 30	0.007 35	0.008 40

表 1　普 通 锯 材 材 积 表　　　　　续表

材长/m	材积/m³ 材厚/mm 材宽/mm	45	50	60	70	80	90	100
1.4	30	0.001 89	0.002 10	0.002 52	0.002 94	0.003 36	0.003 78	0.004 20
	40	0.002 52	0.002 80	0.003 36	0.003 92	0.004 48	0.005 04	0.005 60
	50	0.003 15	0.003 50	0.004 20	0.004 90	0.005 60	0.006 30	0.007 00
	60	0.003 78	0.004 20	0.005 04	0.005 88	0.006 72	0.007 56	0.008 40
	70	0.004 41	0.004 90	0.005 88	0.006 86	0.007 84	0.008 82	0.009 80
	80	0.005 04	0.005 60	0.006 72	0.007 84	0.008 96	0.010 08	0.011 20
	90	0.005 67	0.006 30	0.007 56	0.008 82	0.010 08	0.011 34	0.012 60
	100	0.006 30	0.007 00	0.008 40	0.009 80	0.011 20	0.012 60	0.014 00
	110	0.006 93	0.007 70	0.009 24	0.010 78	0.012 32	0.013 86	0.015 40
	120	0.007 56	0.008 40	0.010 08	0.011 76	0.013 44	0.015 12	0.016 80
	130	0.008 19	0.009 10	0.010 92	0.012 74	0.014 56	0.016 38	0.018 20
	140	0.008 82	0.009 80	0.011 76	0.013 72	0.015 68	0.017 64	0.019 60
	150	0.009 45	0.010 50	0.012 60	0.014 70	0.016 80	0.018 90	0.021 00

表 1 普 通 锯 材 材 积 表

材长 /m	材积 /m³ 材宽 /mm	材厚 /mm 12	15	18	21	25	30	35	40
	160	0.002 69	0.003 36	0.004 03	0.004 70	0.005 60	0.006 72	0.007 84	0.008 96
	170	0.002 86	0.003 57	0.004 28	0.005 00	0.005 95	0.007 14	0.008 33	0.009 52
	180	0.003 02	0.003 78	0.004 54	0.005 29	0.006 30	0.007 56	0.008 82	0.010 08
	190	0.003 19	0.003 99	0.004 79	0.005 59	0.006 65	0.007 98	0.009 31	0.010 64
	200	0.003 36	0.004 20	0.005 04	0.005 88	0.007 00	0.008 40	0.009 80	0.011 20
	210	0.003 53	0.004 41	0.005 29	0.006 17	0.007 35	0.008 82	0.010 29	0.011 76
	220	0.003 70	0.004 62	0.005 54	0.006 47	0.007 70	0.009 24	0.010 78	0.012 32
1.4	230	0.003 86	0.004 83	0.005 80	0.006 76	0.008 05	0.009 66	0.011 27	0.012 88
	240	0.004 03	0.005 04	0.006 05	0.007 06	0.008 40	0.010 08	0.011 76	0.013 44
	250	0.004 20	0.005 25	0.006 30	0.007 35	0.008 75	0.010 50	0.012 25	0.014 00
	260	0.004 37	0.005 46	0.006 55	0.007 64	0.009 10	0.010 92	0.012 74	0.014 56
	270	0.004 54	0.005 67	0.006 80	0.007 94	0.009 45	0.011 34	0.013 23	0.015 12
	280	0.004 70	0.005 88	0.007 06	0.008 23	0.009 80	0.011 76	0.013 72	0.015 68
	290	0.004 87	0.006 09	0.007 31	0.008 53	0.010 15	0.012 18	0.014 21	0.016 24
	300	0.005 04	0.006 30	0.007 56	0.008 82	0.010 50	0.012 60	0.014 70	0.016 80

表 1　普通锯材材积表　　　　　续表

材长 / m	材宽 /mm ＼材积 /m³ ＼材厚 /mm	45	50	60	70	80	90	100
1.4	160	0.010 08	0.011 20	0.013 44	0.015 68	0.017 92	0.020 16	0.022 40
	170	0.010 71	0.011 90	0.014 28	0.016 66	0.019 04	0.021 42	0.023 80
	180	0.011 34	0.012 60	0.015 21	0.017 64	0.020 16	0.022 68	0.025 20
	190	0.011 97	0.013 30	0.015 96	0.018 62	0.021 28	0.023 94	0.026 60
	200	0.012 60	0.014 00	0.016 80	0.019 60	0.022 40	0.025 20	0.028 00
	210	0.013 23	0.014 70	0.017 64	0.020 58	0.023 52	0.026 46	0.029 40
	220	0.013 86	0.015 40	0.018 48	0.021 56	0.024 64	0.027 72	0.030 80
	230	0.014 49	0.016 10	0.019 32	0.022 54	0.025 76	0.028 98	0.032 20
	240	0.015 12	0.016 80	0.020 16	0.023 52	0.026 88	0.030 24	0.033 60
	250	0.015 75	0.017 50	0.021 00	0.024 50	0.028 00	0.031 50	0.035 00
	260	0.016 38	0.018 20	0.021 84	0.025 48	0.029 12	0.032 76	0.036 40
	270	0.017 01	0.018 90	0.022 68	0.026 46	0.030 24	0.034 02	0.037 80
	280	0.017 64	0.019 60	0.023 52	0.027 44	0.031 36	0.035 28	0.039 20
	290	0.018 27	0.020 30	0.024 36	0.028 42	0.032 48	0.036 54	0.040 60
	300	0.018 90	0.021 00	0.025 20	0.029 40	0.033 60	0.037 80	0.042 00

表 1　普 通 锯 材 材 积 表　续表

材长/m	材积/m³　材厚/mm　材宽/mm	12	15	18	21	25	30	35	40
1.5	30	0.000 54	0.000 68	0.000 81	0.000 95	0.001 13	0.001 35	0.001 58	0.001 80
	40	0.000 72	0.000 90	0.001 08	0.001 26	0.001 50	0.001 80	0.002 10	0.002 40
	50	0.000 90	0.001 13	0.001 35	0.001 58	0.001 88	0.002 25	0.002 63	0.003 00
	60	0.001 08	0.001 35	0.001 62	0.001 89	0.002 25	0.002 70	0.003 15	0.003 60
	70	0.001 26	0.001 58	0.001 89	0.002 21	0.002 63	0.003 15	0.003 68	0.004 20
	80	0.001 44	0.001 80	0.002 16	0.002 52	0.003 00	0.003 60	0.004 20	0.004 80
	90	0.001 62	0.002 03	0.002 43	0.002 84	0.003 38	0.004 05	0.004 73	0.005 40
	100	0.001 80	0.002 25	0.002 70	0.063 15	0.003 75	0.004 50	0.005 25	0.006 00
	110	0.001 98	0.002 48	0.002 97	0.003 47	0.004 13	0.004 95	0.005 78	0.006 60
	120	0.002 16	0.002 70	0.003 24	0.003 78	0.004 50	0.005 40	0.006 30	0.007 20
	130	0.002 34	0.002 93	0.003 51	0.004 10	0.004 88	0.005 85	0.006 83	0.007 80
	140	0.002 52	0.003 15	0.003 78	0.004 41	0.005 25	0.006 30	0.007 35	0.008 40
	150	0.002 70	0.003 38	0.004 05	0.004 73	0.005 63	0.006 75	0.007 88	0.009 00

表 1 普通锯材材积表 续表

材长/m	材积/m³ 材宽/mm	材厚/mm 45	50	60	70	80	90	100
1.5	30	0.002 03	0.002 25	0.002 70	0.003 15	0.003 60	0.004 05	0.004 50
	40	0.002 70	0.003 00	0.003 60	0.004 20	0.004 80	0.005 40	0.006 00
	50	0.003 38	0.003 75	0.004 50	0.005 25	0.006 00	0.006 75	0.007 50
	60	0.004 05	0.004 50	0.005 40	0.006 30	0.007 20	0.008 10	0.009 00
	70	0.004 73	0.005 25	0.006 30	0.007 35	0.008 40	0.009 45	0.010 50
	80	0.005 40	0.006 00	0.007 20	0.008 40	0.009 60	0.010 80	0.012 00
	90	0.006 08	0.006 75	0.008 10	0.009 45	0.010 80	0.012 15	0.013 50
	100	0.006 75	0.007 50	0.009 00	0.010 50	0.012 00	0.013 50	0.015 00
	110	0.007 43	0.008 25	0.009 90	0.011 55	0.013 20	0.014 85	0.016 50
	120	0.008 10	0.009 00	0.010 80	0.012 60	0.014 40	0.016 20	0.018 00
	130	0.008 78	0.009 75	0.011 70	0.013 65	0.015 60	0.017 55	0.019 50
	140	0.009 45	0.010 50	0.012 60	0.014 70	0.016 80	0.018 90	0.021 00
	150	0.010 13	0.011 25	0.013 50	0.015 75	0.018 00	0.020 25	0.022 50

表 1 普 通 锯 材 材 积 表　　　　　　　续表

材长 /m	材厚/mm 材积/m³ 材宽/mm	12	15	18	21	25	30	35	40
	160	0.002 88	0.003 60	0.004 32	0.005 04	0.006 00	0.007 20	0.008 40	0.009 60
	170	0.003 06	0.003 83	0.004 59	0.005 36	0.006 38	0.007 65	0.008 93	0.010 20
	180	0.003 24	0.004 05	0.004 86	0.005 67	0.006 75	0.008 10	0.009 45	0.010 80
	190	0.003 42	0.004 28	0.005 13	0.005 99	0.007 13	0.008 55	0.009 98	0.011 40
	200	0.003 60	0.004 50	0.005 40	0.006 30	0.007 50	0.009 00	0.010 50	0.012 00
	210	0.003 78	0.004 73	0.005 67	0.006 62	0.007 88	0.009 45	0.011 03	0.012 60
	220	0.003 96	0.004 95	0.005 94	0.006 93	0.008 25	0.009 90	0.011 55	0.013 20
1.5	230	0.004 14	0.005 18	0.006 21	0.007 25	0.008 63	0.010 35	0.012 08	0.013 80
	240	0.004 32	0.005 40	0.006 48	0.007 56	0.009 00	0.010 80	0.012 60	0.014 40
	250	0.004 50	0.005 63	0.006 75	0.007 88	0.009 38	0.011 25	0.013 13	0.015 00
	260	0.004 68	0.005 85	0.007 02	0.008 19	0.009 75	0.011 70	0.013 65	0.015 60
	270	0.004 86	0.006 08	0.007 29	0.008 51	0.010 13	0.012 15	0.014 18	0.016 20
	280	0.005 04	0.006 30	0.007 56	0.008 82	0.010 50	0.012 60	0.014 70	0.016 80
	290	0.005 22	0.006 53	0.007 83	0.009 14	0.010 88	0.013 05	0.015 23	0.017 40
	300	0.005 40	0.006 75	0.008 10	0.009 45	0.011 25	0.013 50	0.015 75	0.018 00

表1 普通锯材材积表

材长/m	材宽/mm 材积/m³ 材厚/mm	45	50	60	70	80	90	100
	160	0.010 80	0.012 00	0.014 40	0.016 80	0.019 20	0.021 60	0.024 00
	170	0.011 48	0.012 75	0.015 30	0.017 85	0.020 40	0.022 95	0.025 50
	180	0.012 15	0.013 50	0.016 20	0.018 90	0.021 60	0.024 30	0.027 00
	190	0.012 83	0.014 25	0.017 10	0.019 95	0.022 80	0.025 65	0.028 50
	200	0.013 50	0.015 00	0.018 00	0.021 00	0.024 00	0.027 00	0.030 00
	210	0.014 18	0.015 75	0.018 90	0.022 05	0.025 20	0.028 35	0.031 50
	220	0.014 85	0.016 50	0.019 80	0.023 10	0.026 40	0.029 70	0.033 00
1.5	230	0.015 53	0.017 25	0.020 70	0.024 15	0.027 60	0.031 05	0.034 50
	240	0.016 20	0.018 00	0.021 60	0.025 20	0.028 80	0.032 40	0.036 00
	250	0.016 88	0.018 75	0.022 50	0.026 25	0.030 00	0.033 75	0.037 50
	260	0.017 55	0.019 50	0.023 40	0.027 30	0.031 20	0.035 10	0.039 00
	270	0.018 23	0.020 25	0.024 30	0.028 35	0.032 40	0.036 45	0.040 50
	280	0.018 90	0.021 00	0.025 20	0.029 40	0.033 60	0.037 80	0.042 00
	290	0.019 58	0.021 75	0.026 10	0.030 45	0.034 80	0.039 15	0.043 50
	300	0.020 25	0.022 50	0.027 00	0.031 50	0.036 00	0.040 50	0.045 00

表 1　普　通　锯　材　材　积　表　　　　　续表

材长/m	材宽/mm 材厚/mm 材积/m³	12	15	18	21	25	30	35	40
1.6	30	0.000 58	0.000 72	0.000 86	0.001 01	0.001 20	0.001 44	0.001 68	0.001 92
	40	0.000 77	0.000 96	0.001 15	0.001 34	0.001 60	0.001 92	0.002 24	0.002 56
	50	0.000 96	0.001 20	0.001 44	0.001 68	0.002 00	0.002 40	0.002 80	0.003 20
	60	0.001 15	0.001 44	0.001 73	0.002 02	0.002 40	0.002 88	0.003 36	0.003 84
	70	0.001 34	0.001 68	0.002 02	0.002 35	0.002 80	0.003 36	0.003 92	0.004 48
	80	0.001 54	0.001 92	0.002 30	0.002 69	0.003 20	0.003 84	0.004 48	0.005 12
	90	0.001 73	0.002 16	0.002 59	0.003 02	0.003 60	0.004 32	0.005 04	0.005 76
	100	0.001 92	0.002 40	0.002 88	0.003 36	0.004 00	0.004 80	0.005 60	0.006 40
	110	0.002 11	0.002 64	0.003 17	0.003 70	0.004 40	0.005 28	0.006 16	0.007 04
	120	0.002 30	0.002 88	0.003 46	0.004 03	0.004 80	0.005 76	0.006 72	0.007 68
	130	0.002 50	0.003 12	0.003 74	0.004 37	0.005 20	0.006 24	0.007 28	0.008 32
	140	0.002 69	0.003 36	0.004 03	0.004 70	0.005 60	0.006 72	0.007 84	0.008 96
	150	0.002 88	0.003 60	0.004 32	0.005 04	0.006 00	0.007 20	0.008 40	0.009 60

表 1 普 通 锯 材 材 积 表

材长/m	材积/m³ 材厚/mm 材宽/mm	45	50	60	70	80	90	100
	30	0.002 16	0.002 40	0.002 88	0.003 36	0.003 84	0.004 32	0.004 80
	40	0.002 88	0.003 20	0.003 84	0.004 48	0.005 12	0.005 76	0.006 40
	50	0.003 60	0.004 00	0.004 80	0.005 60	0.006 40	0.007 20	0.008 00
	60	0.004 32	0.004 80	0.005 76	0.006 72	0.007 68	0.008 64	0.009 60
	70	0.005 04	0.005 60	0.006 72	0.007 84	0.008 96	0.010 08	0.011 20
1.6	80	0.005 76	0.006 40	0.007 68	0.008 96	0.010 24	0.011 52	0.012 80
	90	0.006 48	0.007 20	0.008 64	0.010 08	0.011 52	0.012 96	0.014 40
	100	0.007 20	0.008 00	0.009 60	0.011 20	0.012 80	0.014 40	0.016 00
	110	0.007 92	0.008 80	0.010 56	0.012 32	0.014 08	0.015 84	0.017 60
	120	0.008 64	0.009 60	0.011 52	0.013 44	0.015 36	0.017 28	0.019 20
	130	0.009 36	0.010 40	0.012 48	0.014 56	0.016 64	0.018 72	0.020 80
	140	0.010 08	0.011 20	0.013 44	0.015 68	0.017 92	0.020 16	0.022 40
	150	0.010 80	0.012 00	0.014 40	0.016 80	0.019 20	0.021 60	0.024 00

表 1 普 通 锯 材 材 积 表　　　　　　　　续表

材长 /m	材宽 /mm \ 材积 /m³ \ 材厚 /mm	12	15	18	21	25	30	35	40
1.6	160	0.003 07	0.003 84	0.004 61	0.005 38	0.006 40	0.007 68	0.008 96	0.010 24
	170	0.003 26	0.004 08	0.004 90	0.005 71	0.006 80	0.008 16	0.009 52	0.010 88
	180	0.003 46	0.004 32	0.005 18	0.006 05	0.007 20	0.008 64	0.010 08	0.011 52
	190	0.003 65	0.004 56	0.005 47	0.006 38	0.007 60	0.009 12	0.010 64	0.012 16
	200	0.003 84	0.004 80	0.005 76	0.006 72	0.008 00	0.009 60	0.011 20	0.012 80
	210	0.004 03	0.005 04	0.006 05	0.007 06	0.008 40	0.010 08	0.011 76	0.013 44
	220	0.004 22	0.005 28	0.006 34	0.007 39	0.008 80	0.010 56	0.012 32	0.014 08
	230	0.004 42	0.005 52	0.006 62	0.007 73	0.009 20	0.011 04	0.012 88	0.014 72
	240	0.004 61	0.005 76	0.006 91	0.008 06	0.009 60	0.011 52	0.013 44	0.015 36
	250	0.004 80	0.006 00	0.007 20	0.008 40	0.010 00	0.012 00	0.014 00	0.016 00
	260	0.004 99	0.006 24	0.007 49	0.008 74	0.010 40	0.012 48	0.014 56	0.016 64
	270	0.005 18	0.006 48	0.007 78	0.009 07	0.010 80	0.012 96	0.015 12	0.017 28
	280	0.005 38	0.006 72	0.008 06	0.009 41	0.011 20	0.013 44	0.015 68	0.017 92
	290	0.005 57	0.006 96	0.008 35	0.009 74	0.011 60	0.013 92	0.016 24	0.018 56
	300	0.005 76	0.007 20	0.008 64	0.010 08	0.012 00	0.014 40	0.016 80	0.019 20

表 1 普通锯材材积表　　　　　　续表

材长/m	材积/m³ 材厚/mm 材宽/mm	45	50	60	70	80	90	100
	160	0.011 52	0.012 80	0.015 36	0.017 92	0.020 48	0.023 04	0.025 60
	170	0.012 24	0.013 60	0.016 32	0.019 04	0.021 76	0.024 48	0.027 20
	180	0.012 96	0.014 40	0.017 28	0.020 16	0.023 04	0.025 92	0.028 80
	190	0.013 68	0.015 20	0.018 24	0.021 28	0.024 32	0.027 36	0.030 40
	200	0.014 40	0.016 00	0.019 20	0.022 40	0.025 60	0.028 80	0.032 00
	210	0.015 12	0.016 80	0.020 16	0.023 52	0.026 88	0.030 24	0.033 60
	220	0.015 84	0.017 60	0.021 12	0.024 64	0.028 16	0.031 68	0.035 20
1.6	230	0.016 56	0.018 40	0.022 08	0.025 76	0.029 44	0.033 12	0.036 80
	240	0.017 28	0.019 20	0.023 04	0.026 88	0.030 72	0.034 56	0.038 40
	250	0.018 00	0.020 00	0.024 00	0.028 00	0.032 00	0.036 00	0.040 00
	260	0.018 72	0.020 80	0.024 96	0.029 12	0.033 28	0.037 44	0.041 60
	270	0.019 44	0.021 60	0.025 92	0.030 24	0.034 56	0.038 88	0.043 20
	280	0.020 16	0.022 40	0.026 88	0.031 36	0.035 84	0.040 32	0.044 80
	290	0.020 88	0.023 20	0.027 84	0.032 48	0.037 12	0.041 76	0.046 40
	300	0.021 60	0.024 00	0.028 80	0.033 60	0.038 40	0.043 20	0.048 00

表 1　普 通 锯 材 材 积 表　　　　　续表

材长/m	材积/m³　材厚/mm　材宽/mm	12	15	18	21	25	30	35	40
1.7	30	0.000 61	0.000 77	0.000 92	0.001 07	0.001 28	0.001 53	0.001 79	0.002 04
	40	0.000 82	0.001 02	0.001 22	0.001 43	0.001 70	0.002 04	0.002 38	0.002 72
	50	0.001 02	0.001 28	0.001 53	0.001 79	0.002 13	0.002 55	0.002 98	0.003 40
	60	0.001 22	0.001 53	0.001 84	0.002 14	0.002 55	0.003 06	0.003 57	0.004 08
	70	0.001 43	0.001 79	0.002 14	0.002 50	0.002 98	0.003 57	0.004 17	0.004 76
	80	0.001 63	0.002 04	0.002 45	0.002 86	0.003 40	0.004 08	0.004 76	0.005 44
	90	0.001 84	0.002 30	0.002 75	0.003 21	0.003 83	0.004 59	0.005 36	0.006 12
	100	0.002 04	0.002 55	0.003 06	0.003 57	0.004 25	0.005 10	0.005 95	0.006 80
	110	0.002 24	0.002 81	0.003 37	0.003 93	0.004 68	0.005 61	0.006 55	0.007 48
	120	0.002 45	0.003 06	0.003 67	0.004 28	0.005 10	0.006 12	0.007 14	0.008 16
	130	0.002 65	0.003 32	0.003 98	0.004 64	0.005 53	0.006 63	0.007 74	0.008 84
	140	0.002 86	0.003 57	0.004 28	0.005 00	0.005 95	0.007 14	0.008 33	0.009 52
	150	0.003 06	0.003 83	0.004 59	0.005 36	0.006 38	0.007 65	0.008 93	0.010 20

表 1 普 通 锯 材 材 积 表 　　　　　　续表

材长/m	材积/m³ 材厚/mm 材宽/mm	45	50	60	70	80	90	100
1.7	30	0.002 30	0.002 55	0.003 06	0.003 57	0.004 08	0.004 59	0.005 10
	40	0.003 06	0.003 40	0.004 08	0.004 76	0.005 44	0.006 12	0.006 80
	50	0.003 83	0.004 25	0.005 10	0.005 95	0.006 80	0.007 65	0.008 50
	60	0.004 59	0.005 10	0.006 12	0.007 14	0.008 16	0.009 18	0.010 20
	70	0.005 36	0.005 95	0.007 14	0.008 33	0.009 52	0.010 71	0.011 90
	80	0.006 12	0.006 80	0.008 16	0.009 52	0.010 88	0.012 24	0.013 60
	90	0.006 89	0.007 65	0.009 18	0.010 71	0.012 24	0.013 77	0.015 30
	100	0.007 65	0.008 50	0.010 20	0.011 90	0.013 60	0.015 30	0.017 00
	110	0.008 42	0.009 35	0.011 22	0.013 09	0.014 96	0.016 83	0.018 70
	120	0.009 18	0.010 20	0.012 24	0.014 28	0.016 32	0.018 36	0.020 40
	130	0.009 95	0.011 05	0.013 26	0.015 47	0.017 68	0.019 89	0.022 10
	140	0.010 71	0.011 90	0.014 28	0.016 66	0.019 04	0.021 42	0.023 80
	150	0.011 48	0.012 75	0.015 30	0.017 85	0.020 40	0.022 95	0.025 50

表 1　普 通 锯 材 材 积 表

材长/m	材积/m³ 材宽/mm	材厚/mm 12	15	18	21	25	30	35	40
1.7	160	0.003 26	0.004 08	0.004 90	0.005 71	0.006 80	0.008 16	0.009 52	0.010 88
	170	0.003 47	0.004 34	0.005 20	0.006 07	0.007 23	0.008 67	0.010 12	0.011 56
	180	0.003 67	0.004 59	0.005 51	0.006 43	0.007 65	0.009 18	0.010 71	0.012 24
	190	0.003 88	0.004 85	0.005 81	0.006 78	0.008 08	0.009 69	0.011 31	0.012 92
	200	0.004 08	0.005 10	0.006 12	0.007 14	0.008 50	0.010 20	0.011 90	0.013 60
	210	0.004 28	0.005 36	0.006 43	0.007 50	0.008 93	0.010 71	0.012 50	0.014 28
	220	0.004 49	0.005 61	0.006 73	0.007 85	0.009 35	0.011 22	0.013 09	0.014 96
	230	0.004 69	0.005 87	0.007 04	0.008 21	0.009 78	0.011 73	0.013 69	0.015 64
	240	0.004 90	0.006 12	0.007 34	0.008 57	0.010 20	0.012 24	0.014 28	0.016 32
	250	0.005 10	0.006 38	0.007 65	0.008 93	0.010 63	0.012 75	0.014 88	0.017 00
	260	0.005 30	0.006 63	0.007 96	0.009 28	0.011 05	0.013 26	0.015 47	0.017 68
	270	0.005 51	0.006 89	0.008 26	0.009 64	0.011 48	0.013 77	0.016 07	0.018 36
	280	0.005 71	0.007 14	0.008 57	0.010 00	0.011 90	0.014 28	0.016 66	0.019 04
	290	0.005 92	0.007 40	0.008 87	0.010 35	0.012 33	0.014 79	0.017 26	0.019 72
	300	0.006 12	0.007 65	0.009 18	0.010 71	0.012 75	0.015 30	0.017 85	0.020 40

表 1 普 通 锯 材 材 积 表 续表

材积/m³ 材厚/mm 材长/m 材宽/mm	45	50	60	70	80	90	100
160	0.012 24	0.013 60	0.016 32	0.019 04	0.021 76	0.024 48	0.027 20
170	0.013 01	0.014 45	0.017 34	0.020 23	0.023 12	0.026 01	0.028 90
180	0.013 77	0.015 30	0.018 36	0.021 42	0.024 48	0.027 54	0.030 60
190	0.014 54	0.016 15	0.019 38	0.022 61	0.025 84	0.029 07	0.032 30
200	0.015 30	0.017 00	0.020 40	0.023 80	0.027 20	0.030 60	0.034 00
210	0.016 07	0.017 85	0.021 42	0.024 99	0.028 56	0.032 13	0.035 70
220	0.016 83	0.018 70	0.022 44	0.026 18	0.029 92	0.033 66	0.037 40
230	0.017 60	0.019 55	0.023 46	0.027 37	0.031 28	0.035 19	0.039 10
240	0.018 36	0.020 40	0.024 48	0.028 56	0.032 64	0.036 72	0.040 80
250	0.019 13	0.021 25	0.025 50	0.029 75	0.034 00	0.038 25	0.042 50
260	0.019 89	0.022 10	0.026 52	0.030 94	0.035 36	0.039 78	0.044 20
270	0.020 66	0.022 95	0.027 54	0.032 13	0.036 72	0.041 31	0.045 90
280	0.021 42	0.023 80	0.028 56	0.033 32	0.038 08	0.042 84	0.047 60
290	0.022 19	0.024 65	0.029 58	0.034 51	0.039 44	0.044 37	0.049 30
300	0.022 95	0.025 50	0.030 60	0.035 70	0.040 80	0.045 90	0.051 00

材长 1.7 m

表 1 普 通 锯 材 材 积 表   续表

材长/m	材宽/mm \ 材积/m³ \ 材厚/mm	12	15	18	21	25	30	35	40
1.8	30	0.000 65	0.000 81	0.000 97	0.001 13	0.001 35	0.001 62	0.001 89	0.002 16
	40	0.000 86	0.001 08	0.001 30	0.001 51	0.001 80	0.002 16	0.002 52	0.002 88
	50	0.001 08	0.001 35	0.001 62	0.001 89	0.002 25	0.002 70	0.003 15	0.003 60
	60	0.001 30	0.001 62	0.001 94	0.002 27	0.002 70	0.003 24	0.003 78	0.004 32
	70	0.001 51	0.001 89	0.002 27	0.002 65	0.003 15	0.003 78	0.004 41	0.005 04
	80	0.001 73	0.002 16	0.002 59	0.003 02	0.003 60	0.004 32	0.005 04	0.005 76
	90	0.001 94	0.002 43	0.002 92	0.003 40	0.004 05	0.004 86	0.005 67	0.006 48
	100	0.002 16	0.002 70	0.003 24	0.003 78	0.004 50	0.005 40	0.006 30	0.007 20
	110	0.002 38	0.002 97	0.003 56	0.004 16	0.004 95	0.005 94	0.006 93	0.007 92
	120	0.002 59	0.003 24	0.003 89	0.004 54	0.005 40	0.006 48	0.007 56	0.008 64
	130	0.002 81	0.003 51	0.004 21	0.004 91	0.005 85	0.007 02	0.008 19	0.009 36
	140	0.003 02	0.003 78	0.004 54	0.005 29	0.006 30	0.007 56	0.008 82	0.010 08
	150	0.003 24	0.004 05	0.004 86	0.005 67	0.006 75	0.008 10	0.009 45	0.010 80

表 1 普通锯材材积表 续表

材长/m	材积/m³ 材宽/mm	材厚/mm						
		45	50	60	70	80	90	100
1.8	30	0.002 43	0.002 70	0.003 24	0.003 78	0.004 32	0.004 86	0.005 40
	40	0.003 24	0.003 60	0.004 32	0.005 04	0.005 76	0.006 48	0.007 20
	50	0.004 05	0.004 50	0.005 40	0.006 30	0.007 20	0.008 10	0.009 00
	60	0.004 86	0.005 40	0.006 48	0.007 56	0.008 64	0.009 72	0.010 80
	70	0.005 67	0.006 30	0.007 56	0.008 82	0.010 08	0.011 34	0.012 60
	80	0.006 48	0.007 20	0.008 64	0.010 08	0.011 52	0.012 96	0.014 40
	90	0.007 29	0.008 10	0.009 72	0.011 34	0.012 96	0.014 58	0.016 20
	100	0.008 10	0.009 00	0.010 80	0.012 60	0.014 40	0.016 20	0.018 00
	110	0.008 91	0.009 90	0.011 88	0.013 86	0.015 84	0.017 82	0.019 80
	120	0.009 72	0.010 80	0.012 96	0.015 12	0.017 28	0.019 44	0.021 60
	130	0.010 53	0.011 70	0.014 04	0.016 38	0.018 72	0.021 06	0.023 40
	140	0.011 34	0.012 60	0.015 12	0.017 64	0.020 16	0.022 68	0.025 20
	150	0.012 15	0.013 50	0.016 20	0.018 90	0.021 60	0.024 30	0.027 00

表 1 普 通 锯 材 材 积 表　　　　续表

材长/m	材宽/mm 材厚/mm	12	15	18	21	25	30	35	40
	160	0.003 46	0.004 32	0.005 18	0.006 05	0.007 20	0.008 64	0.010 08	0.011 52
	170	0.003 67	0.004 59	0.005 51	0.006 43	0.007 65	0.009 18	0.010 71	0.012 24
	180	0.003 89	0.004 86	0.005 83	0.006 80	0.008 10	0.009 72	0.011 34	0.012 96
	190	0.004 10	0.005 13	0.006 16	0.007 18	0.008 55	0.010 26	0.011 97	0.013 68
	200	0.004 32	0.005 40	0.006 48	0.007 56	0.009 00	0.010 80	0.012 60	0.014 40
1.8	210	0.004 54	0.005 67	0.006 80	0.007 94	0.009 45	0.011 34	0.013 23	0.015 12
	220	0.004 75	0.005 94	0.007 13	0.008 32	0.009 90	0.011 88	0.013 86	0.015 84
	230	0.004 97	0.006 21	0.007 45	0.008 69	0.010 35	0.012 42	0.014 49	0.016 56
	240	0.005 18	0.006 48	0.007 78	0.009 07	0.010 80	0.012 96	0.015 12	0.017 28
	250	0.005 40	0.006 75	0.008 10	0.009 45	0.011 25	0.013 50	0.015 75	0.018 00
	260	0.005 62	0.007 02	0.008 42	0.009 83	0.011 70	0.014 04	0.016 38	0.018 72
	270	0.005 83	0.007 29	0.008 75	0.010 21	0.012 15	0.014 58	0.017 01	0.019 44
	280	0.006 05	0.007 56	0.009 07	0.010 58	0.012 60	0.015 12	0.017 64	0.020 16
	290	0.006 26	0.007 83	0.009 40	0.010 96	0.013 05	0.015 66	0.018 27	0.020 88
	300	0.006 48	0.008 10	0.009 72	0.011 34	0.013 50	0.016 20	0.018 90	0.021 60

表 1 普通锯材材积表

材长/m	材宽/mm	45	50	60	70	80	90	100
	160	0.012 96	0.014 40	0.017 28	0.020 16	0.023 04	0.025 92	0.028 80
	170	0.013 77	0.015 30	0.018 36	0.021 42	0.024 48	0.027 54	0.030 60
	180	0.014 58	0.016 20	0.019 44	0.022 68	0.025 92	0.029 16	0.032 40
	190	0.015 39	0.017 10	0.020 52	0.023 94	0.027 36	0.030 78	0.034 20
	200	0.016 20	0.018 00	0.021 60	0.025 20	0.028 80	0.032 40	0.036 00
1.8	210	0.017 01	0.018 90	0.022 68	0.026 46	0.030 24	0.034 02	0.037 80
	220	0.017 82	0.019 80	0.023 76	0.027 72	0.031 68	0.035 64	0.039 60
	230	0.018 63	0.020 70	0.024 84	0.028 98	0.033 12	0.037 26	0.041 40
	240	0.019 44	0.021 60	0.025 92	0.030 24	0.034 56	0.038 88	0.043 20
	250	0.020 25	0.022 50	0.027 00	0.031 50	0.036 00	0.040 50	0.045 00
	260	0.021 06	0.023 40	0.028 08	0.032 76	0.037 44	0.042 12	0.046 80
	270	0.021 87	0.024 30	0.029 16	0.034 02	0.038 88	0.043 74	0.048 60
	280	0.022 68	0.025 20	0.030 24	0.035 28	0.040 32	0.045 36	0.050 40
	290	0.023 49	0.026 10	0.031 32	0.036 54	0.041 76	0.046 98	0.052 20
	300	0.024 30	0.027 00	0.032 40	0.037 80	0.043 20	0.048 60	0.054 00

表 1 普通锯材材积表 续表

材长/m	材宽/mm	材厚/mm 材积/m³ 12	15	18	21	25	30	35	40
1.9	30	0.000 68	0.000 86	0.001 03	0.001 20	0.001 43	0.001 71	0.002 00	0.002 28
	40	0.000 91	0.001 14	0.001 37	0.001 60	0.001 90	0.002 28	0.002 66	0.003 04
	50	0.001 14	0.001 43	0.001 71	0.002 00	0.002 38	0.002 85	0.003 33	0.003 80
	60	0.001 37	0.001 71	0.002 05	0.002 39	0.002 85	0.003 42	0.003 99	0.004 56
	70	0.001 60	0.002 00	0.002 39	0.002 79	0.003 33	0.003 99	0.004 66	0.005 32
	80	0.001 82	0.002 28	0.002 74	0.003 19	0.003 80	0.004 56	0.005 32	0.006 08
	90	0.002 05	0.002 57	0.003 08	0.003 59	0.004 28	0.005 13	0.005 99	0.006 84
	100	0.002 28	0.002 85	0.003 42	0.003 99	0.004 75	0.005 70	0.006 65	0.007 60
	110	0.002 51	0.003 14	0.003 76	0.004 39	0.005 23	0.006 27	0.007 32	0.008 36
	120	0.002 74	0.003 42	0.004 10	0.004 79	0.005 70	0.006 84	0.007 98	0.009 12
	130	0.002 96	0.003 71	0.004 45	0.005 19	0.006 18	0.007 41	0.008 65	0.009 88
	140	0.003 19	0.003 99	0.004 79	0.005 59	0.006 65	0.007 98	0.009 31	0.010 64
	150	0.003 42	0.004 28	0.005 13	0.005 99	0.007 13	0.008 55	0.009 98	0.011 40

表 1 普通锯材材积表 续表

材长/m	材宽/mm ＼材积/m³＼材厚/mm	45	50	60	70	80	90	100
1.9	30	0.002 57	0.002 85	0.003 42	0.003 99	0.004 56	0.005 13	0.005 70
	40	0.003 42	0.003 80	0.004 56	0.005 32	0.006 08	0.006 84	0.007 60
	50	0.004 28	0.004 75	0.005 70	0.006 65	0.007 60	0.008 55	0.009 50
	60	0.005 13	0.005 70	0.006 84	0.007 98	0.009 12	0.010 26	0.011 40
	70	0.005 99	0.006 65	0.007 98	0.009 31	0.010 64	0.011 97	0.013 30
	80	0.006 84	0.007 60	0.009 12	0.010 64	0.012 16	0.013 68	0.015 20
	90	0.007 70	0.008 55	0.010 26	0.011 97	0.013 68	0.015 39	0.017 10
	100	0.008 55	0.009 50	0.011 40	0.013 30	0.015 20	0.017 10	0.019 00
	110	0.009 41	0.010 45	0.012 54	0.014 63	0.016 72	0.018 81	0.020 90
	120	0.010 26	0.011 40	0.013 68	0.015 96	0.018 24	0.020 52	0.022 80
	130	0.011 12	0.012 35	0.014 82	0.017 29	0.019 76	0.022 23	0.024 70
	140	0.011 97	0.013 30	0.015 96	0.018 62	0.021 28	0.023 94	0.026 60
	150	0.012 83	0.014 25	0.017 10	0.019 95	0.022 80	0.025 65	0.028 50

表 1 普 通 锯 材 材 积 表 续表

材长/m	材宽/mm \ 材厚/mm (材积/m³)	12	15	18	21	25	30	35	40
1.9	160	0.003 65	0.004 56	0.005 47	0.006 38	0.007 60	0.009 12	0.010 64	0.012 16
	170	0.003 88	0.004 85	0.005 81	0.006 78	0.008 08	0.009 69	0.011 31	0.012 92
	180	0.004 10	0.005 13	0.006 16	0.007 18	0.008 55	0.010 26	0.011 97	0.013 68
	190	0.004 33	0.005 42	0.006 50	0.007 58	0.009 03	0.010 83	0.012 64	0.014 44
	200	0.004 56	0.005 70	0.006 84	0.007 98	0.009 50	0.011 40	0.013 30	0.015 20
	210	0.004 79	0.005 99	0.007 18	0.008 38	0.009 98	0.011 97	0.013 97	0.015 96
	220	0.005 02	0.006 27	0.007 52	0.008 78	0.010 45	0.012 54	0.014 63	0.016 72
	230	0.005 24	0.006 56	0.007 87	0.009 18	0.010 93	0.013 11	0.015 30	0.017 48
	240	0.005 47	0.006 84	0.008 21	0.009 58	0.011 40	0.013 68	0.015 96	0.018 24
	250	0.005 70	0.007 13	0.008 55	0.009 98	0.011 88	0.014 25	0.016 63	0.019 00
	260	0.005 93	0.007 41	0.008 89	0.010 37	0.012 35	0.014 82	0.017 29	0.019 76
	270	0.006 16	0.007 70	0.009 23	0.010 77	0.012 83	0.015 39	0.017 96	0.020 52
	280	0.006 38	0.007 98	0.009 58	0.011 17	0.013 30	0.015 96	0.018 62	0.021 28
	290	0.006 61	0.008 27	0.009 92	0.011 57	0.013 78	0.016 53	0.019 29	0.022 04
	300	0.006 84	0.008 55	0.010 26	0.011 97	0.014 25	0.017 10	0.019 95	0.022 80

表1 普通锯材材积表   续表

材长/m	材宽/mm（材积/m³、材厚/mm）	45	50	60	70	80	90	100
	160	0.013 68	0.015 20	0.018 24	0.021 28	0.024 32	0.027 36	0.030 40
	170	0.014 54	0.016 15	0.019 38	0.022 61	0.025 84	0.029 07	0.032 30
	180	0.015 39	0.017 10	0.020 52	0.023 94	0.027 36	0.030 78	0.034 20
	190	0.016 25	0.018 05	0.021 66	0.025 27	0.028 88	0.032 49	0.036 10
	200	0.017 10	0.019 00	0.022 80	0.026 60	0.030 40	0.034 20	0.038 00
	210	0.017 96	0.019 95	0.023 94	0.027 93	0.031 92	0.035 91	0.039 90
	220	0.018 81	0.020 90	0.025 08	0.029 26	0.033 44	0.037 62	0.041 80
1.9	230	0.019 67	0.021 85	0.026 22	0.030 59	0.034 96	0.039 33	0.043 70
	240	0.020 52	0.022 80	0.027 36	0.031 92	0.036 48	0.041 04	0.045 60
	250	0.021 38	0.023 75	0.028 50	0.033 25	0.038 00	0.042 75	0.047 50
	260	0.022 23	0.024 70	0.029 64	0.034 58	0.039 52	0.044 46	0.049 40
	270	0.023 09	0.025 65	0.030 78	0.035 91	0.041 04	0.046 17	0.051 30
	280	0.023 94	0.026 60	0.031 92	0.037 24	0.042 56	0.047 88	0.053 20
	290	0.024 80	0.027 55	0.033 06	0.038 57	0.044 08	0.049 59	0.055 10
	300	0.025 65	0.028 50	0.034 20	0.039 90	0.045 60	0.051 30	0.057 00

表 1 普 通 锯 材 材 积 表

材长/m	材宽/mm	材积/m³ 材厚/mm							
		12	15	18	21	25	30	35	40
2.0	30	0.000 7	0.000 9	0.001 1	0.001 3	0.001 5	0.001 8	0.002 1	0.002 4
	40	0.001 0	0.001 2	0.001 4	0.001 7	0.002 0	0.002 4	0.002 8	0.003 2
	50	0.001 2	0.001 5	0.001 8	0.002 1	0.002 5	0.003 0	0.003 5	0.004 0
	60	0.001 4	0.001 8	0.002 2	0.002 5	0.003 0	0.003 6	0.004 2	0.004 8
	70	0.001 7	0.002 1	0.002 5	0.002 9	0.003 5	0.004 2	0.004 9	0.005 6
	80	0.001 9	0.002 4	0.002 9	0.003 4	0.004 0	0.004 8	0.005 6	0.006 4
	90	0.002 2	0.002 7	0.003 2	0.003 8	0.004 5	0.005 4	0.006 3	0.007 2
	100	0.002 4	0.003 0	0.003 6	0.004 2	0.005 0	0.006 0	0.007 0	0.008 0
	110	0.002 6	0.003 3	0.004 0	0.004 6	0.005 5	0.006 6	0.007 7	0.008 8
	120	0.002 9	0.003 6	0.004 3	0.005 0	0.006 0	0.007 2	0.008 4	0.009 6
	130	0.003 1	0.003 9	0.004 7	0.005 5	0.006 5	0.007 8	0.009 1	0.010 4
	140	0.003 4	0.004 2	0.005 0	0.005 9	0.007 0	0.008 4	0.009 8	0.011 2
	150	0.003 6	0.004 5	0.005 4	0.006 3	0.007 5	0.009 0	0.010 5	0.012 0

表 1 普 通 锯 材 材 积 表

材长/m	材积/m³ 材厚/mm 材宽/mm	45	50	60	70	80	90	100
2.0	30	0.002 7	0.003 0	0.003 6	0.004 2	0.004 8	0.005 4	0.006 0
	40	0.003 6	0.004 0	0.004 8	0.005 6	0.006 4	0.007 2	0.008 0
	50	0.004 5	0.005 0	0.006 0	0.007 0	0.008 0	0.009 0	0.010 0
	60	0.005 4	0.006 0	0.007 2	0.008 4	0.009 6	0.010 8	0.012 0
	70	0.006 3	0.007 0	0.008 4	0.009 8	0.011 2	0.012 6	0.014 0
	80	0.007 2	0.008 0	0.009 6	0.011 2	0.012 8	0.014 4	0.016 0
	90	0.008 1	0.009 0	0.010 8	0.012 6	0.014 4	0.016 2	0.018 0
	100	0.009 0	0.010 0	0.012 0	0.014 0	0.016 0	0.018 0	0.020 0
	110	0.009 9	0.011 0	0.013 2	0.015 4	0.017 6	0.019 8	0.022 0
	120	0.010 8	0.012 0	0.014 4	0.016 8	0.019 2	0.021 6	0.024 0
	130	0.011 7	0.013 0	0.015 6	0.018 2	0.020 8	0.023 4	0.026 0
	140	0.012 6	0.014 0	0.016 8	0.019 6	0.022 4	0.025 2	0.028 0
	150	0.013 5	0.015 0	0.018 0	0.021 0	0.024 0	0.027 0	0.030 0

表 1 普 通 锯 材 材 积 表　　　　　　　　　　续表

材长/m	材积/m³　材厚/mm　材宽/mm	12	15	18	21	25	30	35	40
2.0	160	0.003 8	0.004 8	0.005 8	0.006 7	0.008 0	0.009 6	0.011 2	0.012 8
	170	0.004 1	0.005 1	0.006 1	0.007 1	0.008 5	0.010 2	0.011 9	0.013 6
	180	0.004 3	0.005 4	0.006 5	0.007 6	0.009 0	0.010 8	0.012 6	0.014 4
	190	0.004 6	0.005 7	0.006 8	0.008 0	0.009 5	0.011 4	0.013 3	0.015 2
	200	0.004 8	0.006 0	0.007 2	0.008 4	0.010 0	0.012 0	0.014 0	0.016 0
	210	0.005 0	0.006 3	0.007 6	0.008 8	0.010 5	0.012 6	0.014 7	0.016 8
	220	0.005 3	0.006 6	0.007 9	0.009 2	0.011 0	0.013 2	0.015 4	0.017 6
	230	0.005 5	0.006 9	0.008 3	0.009 7	0.011 5	0.013 8	0.016 1	0.018 4
	240	0.005 8	0.007 2	0.008 6	0.010 1	0.012 0	0.014 4	0.016 8	0.019 2
	250	0.006 0	0.007 5	0.009 0	0.010 5	0.012 5	0.015 0	0.017 5	0.020 0
	260	0.006 2	0.007 8	0.009 4	0.010 9	0.013 0	0.015 6	0.018 2	0.020 8
	270	0.006 5	0.008 1	0.009 7	0.011 3	0.013 5	0.016 2	0.018 9	0.021 6
	280	0.006 7	0.008 4	0.010 1	0.011 8	0.014 0	0.016 8	0.019 6	0.022 4
	290	0.007 0	0.008 7	0.010 4	0.012 2	0.014 5	0.017 4	0.020 3	0.023 2
	300	0.007 2	0.009 0	0.010 8	0.012 6	0.015 0	0.018 0	0.021 0	0.024 0

表 1 普通锯材材积表　　　　　　续表

材长/m	材宽/mm \ 材积/m³ \ 材厚/mm	45	50	60	70	80	90	100
2.0	160	0.014 4	0.016 0	0.019 2	0.022 4	0.025 6	0.028 8	0.032 0
	170	0.015 3	0.017 0	0.020 4	0.023 8	0.027 2	0.030 6	0.034 0
	180	0.016 2	0.018 0	0.021 6	0.025 2	0.028 8	0.032 4	0.036 0
	190	0.017 1	0.019 0	0.022 8	0.026 6	0.030 4	0.034 2	0.038 0
	200	0.018 0	0.020 0	0.024 0	0.028 0	0.032 0	0.036 0	0.040 0
	210	0.018 9	0.021 0	0.025 2	0.029 4	0.033 6	0.037 8	0.042 0
	220	0.019 8	0.022 0	0.026 4	0.030 8	0.035 2	0.039 6	0.044 0
	230	0.020 7	0.023 0	0.027 6	0.032 2	0.036 8	0.041 4	0.046 0
	240	0.021 6	0.024 0	0.028 8	0.033 6	0.038 4	0.043 2	0.048 0
	250	0.022 5	0.025 0	0.030 0	0.035 0	0.040 0	0.045 0	0.050 0
	260	0.023 4	0.026 0	0.031 2	0.036 4	0.041 6	0.046 8	0.052 0
	270	0.024 3	0.027 0	0.032 4	0.037 8	0.043 2	0.048 6	0.054 0
	280	0.025 2	0.028 0	0.033 6	0.039 2	0.044 8	0.050 4	0.056 0
	290	0.026 1	0.029 0	0.034 8	0.040 6	0.046 4	0.052 2	0.058 0
	300	0.027 0	0.030 0	0.036 0	0.042 0	0.048 0	0.054 0	0.060 0

表 1 普 通 锯 材 材 积 表 续表

材长 /m	材积/m³ 材宽/mm	材厚/mm 12	15	18	21	25	30	35	40
2.2	30	0.000 8	0.001 0	0.001 2	0.001 4	0.001 7	0.002 0	0.002 3	0.002 6
	40	0.001 1	0.001 3	0.001 6	0.001 8	0.002 2	0.002 6	0.003 1	0.003 5
	50	0.001 3	0.001 7	0.002 0	0.002 3	0.002 8	0.003 3	0.003 9	0.004 4
	60	0.001 6	0.002 0	0.002 4	0.002 8	0.003 3	0.004 0	0.004 6	0.005 3
	70	0.001 8	0.002 3	0.002 8	0.003 2	0.003 9	0.004 6	0.005 4	0.006 2
	80	0.002 1	0.002 6	0.003 2	0.003 7	0.004 4	0.005 3	0.006 2	0.007 0
	90	0.002 4	0.003 0	0.003 6	0.004 2	0.005 0	0.005 9	0.006 9	0.007 9
	100	0.002 6	0.003 3	0.004 0	0.004 6	0.005 5	0.006 6	0.007 7	0.008 8
	110	0.002 9	0.003 6	0.004 4	0.005 1	0.006 1	0.007 3	0.008 5	0.009 7
	120	0.003 2	0.004 0	0.004 8	0.005 5	0.006 6	0.007 9	0.009 2	0.010 6
	130	0.003 4	0.004 3	0.005 1	0.006 0	0.007 2	0.008 6	0.010 0	0.011 4
	140	0.003 7	0.004 6	0.005 5	0.006 5	0.007 7	0.009 2	0.010 8	0.012 3
	150	0.004 0	0.005 0	0.005 9	0.006 9	0.008 3	0.009 9	0.011 6	0.013 2

表 1 普 通 锯 材 材 积 表　　　　　续表

材长 /m	材积/m³ 材宽/mm　材厚/mm	45	50	60	70	80	90	100
2.2	30	0.003 0	0.003 3	0.004 0	0.004 6	0.005 3	0.005 9	0.006 6
	40	0.004 0	0.004 4	0.005 3	0.006 2	0.007 0	0.007 9	0.008 8
	50	0.005 0	0.005 5	0.006 6	0.007 7	0.008 8	0.009 9	0.011 0
	60	0.005 9	0.006 6	0.007 9	0.009 2	0.010 6	0.011 9	0.013 2
	70	0.006 9	0.007 7	0.009 2	0.010 8	0.012 3	0.013 9	0.015 4
	80	0.007 9	0.008 8	0.010 6	0.012 3	0.014 1	0.015 8	0.017 6
	90	0.008 9	0.009 9	0.011 9	0.013 9	0.015 8	0.017 8	0.019 8
	100	0.009 9	0.011 0	0.013 2	0.015 4	0.017 6	0.019 8	0.022 0
	110	0.010 9	0.012 1	0.014 5	0.016 9	0.019 4	0.021 8	0.024 2
	120	0.011 9	0.013 2	0.015 8	0.018 5	0.021 1	0.023 8	0.026 4
	130	0.012 9	0.014 3	0.017 2	0.020 0	0.022 9	0.025 7	0.028 6
	140	0.013 9	0.015 4	0.018 5	0.021 6	0.024 6	0.027 7	0.030 8
	150	0.014 9	0.016 5	0.019 8	0.023 1	0.026 4	0.029 7	0.033 0

表 1 普通锯材材积表　　续表

材长/m	材宽/mm	材积/m³ 材厚/mm 12	15	18	21	25	30	35	40
2.2	160	0.004 2	0.005 3	0.006 3	0.007 4	0.008 8	0.010 6	0.012 3	0.014 1
	170	0.004 5	0.005 6	0.006 7	0.007 9	0.009 4	0.011 2	0.013 1	0.015 0
	180	0.004 8	0.005 9	0.007 1	0.008 3	0.009 9	0.011 9	0.013 9	0.015 8
	190	0.005 0	0.006 3	0.007 5	0.008 8	0.010 5	0.012 5	0.014 6	0.016 7
	200	0.005 3	0.006 6	0.007 9	0.009 2	0.011 0	0.013 2	0.015 4	0.017 6
	210	0.005 5	0.006 9	0.008 3	0.009 7	0.011 6	0.013 9	0.016 2	0.018 5
	220	0.005 8	0.007 3	0.008 7	0.010 2	0.012 1	0.014 5	0.016 9	0.018 4
	230	0.006 1	0.007 6	0.009 1	0.010 6	0.012 7	0.015 2	0.017 7	0.020 2
	240	0.006 3	0.007 9	0.009 5	0.011 1	0.013 2	0.015 8	0.018 5	0.021 1
	250	0.006 6	0.008 3	0.009 9	0.011 6	0.013 8	0.016 5	0.019 3	0.022 0
	260	0.006 9	0.008 6	0.010 3	0.012 0	0.014 3	0.017 2	0.020 0	0.022 9
	270	0.007 1	0.008 9	0.010 7	0.012 5	0.014 9	0.017 8	0.020 8	0.023 8
	280	0.007 4	0.009 2	0.011 1	0.012 9	0.015 4	0.018 5	0.021 6	0.024 6
	290	0.007 7	0.009 6	0.011 5	0.013 4	0.016 0	0.019 1	0.022 3	0.025 5
	300	0.007 9	0.009 9	0.011 9	0.013 9	0.016 5	0.019 8	0.023 1	0.026 4

表 1　普通锯材材积表　　　续表

材长/m	材宽/mm \ 材厚/mm	45	50	60	70	80	90	100
2.2	160	0.015 8	0.017 6	0.021 1	0.024 6	0.028 2	0.031 7	0.035 2
	170	0.016 8	0.018 7	0.022 4	0.026 2	0.029 9	0.033 7	0.037 4
	180	0.017 8	0.019 8	0.023 8	0.027 7	0.031 7	0.035 6	0.039 6
	190	0.018 8	0.020 9	0.025 1	0.029 3	0.033 4	0.037 6	0.041 8
	200	0.019 8	0.022 0	0.026 4	0.030 8	0.035 2	0.039 6	0.044 0
	210	0.020 8	0.023 1	0.027 7	0.032 3	0.037 0	0.041 6	0.046 2
	220	0.021 8	0.024 2	0.029 0	0.033 9	0.038 7	0.043 6	0.048 4
	230	0.022 8	0.025 3	0.030 4	0.035 4	0.040 5	0.045 5	0.050 6
	240	0.023 8	0.026 4	0.031 7	0.037 0	0.042 2	0.047 5	0.052 8
	250	0.024 8	0.027 5	0.033 0	0.038 5	0.044 0	0.049 5	0.055 0
	260	0.025 7	0.028 6	0.034 3	0.040 0	0.045 8	0.051 5	0.057 2
	270	0.026 7	0.029 7	0.035 6	0.041 6	0.047 5	0.053 5	0.059 4
	280	0.027 7	0.030 8	0.037 0	0.043 1	0.049 3	0.055 4	0.061 6
	290	0.028 7	0.031 9	0.038 3	0.044 7	0.051 0	0.057 4	0.063 8
	300	0.029 7	0.033 0	0.039 6	0.046 2	0.052 8	0.059 4	0.066 0

表 1　普通锯材材积表　　　　　　　续表

材长 /m	材宽 /mm（材积 /m³，材厚 /mm）	12	15	18	21	25	30	35	40
	30	0.000 9	0.001 1	0.001 3	0.001 5	0.001 8	0.002 2	0.002 5	0.002 9
	40	0.001 2	0.001 4	0.001 7	0.002 0	0.002 4	0.002 9	0.003 4	0.003 8
	50	0.001 4	0.001 8	0.002 2	0.002 5	0.003 0	0.003 6	0.004 2	0.004 8
	60	0.001 7	0.002 2	0.002 6	0.003 0	0.003 6	0.004 3	0.005 0	0.005 8
	70	0.002 0	0.002 5	0.003 0	0.003 5	0.004 2	0.005 0	0.005 9	0.006 7
2.4	80	0.002 3	0.002 9	0.003 5	0.004 0	0.004 8	0.005 8	0.006 7	0.007 7
	90	0.002 6	0.003 2	0.003 9	0.004 5	0.005 4	0.006 5	0.007 6	0.008 6
	100	0.002 9	0.003 6	0.004 3	0.005 0	0.006 0	0.007 2	0.008 4	0.009 6
	110	0.003 2	0.004 0	0.004 8	0.005 5	0.006 6	0.007 9	0.009 2	0.010 6
	120	0.003 5	0.004 3	0.005 2	0.006 0	0.007 2	0.008 6	0.010 1	0.011 5
	130	0.003 7	0.004 7	0.005 6	0.006 6	0.007 8	0.009 4	0.010 9	0.012 5
	140	0.004 0	0.005 0	0.006 0	0.007 1	0.008 4	0.010 1	0.011 8	0.013 4
	150	0.004 3	0.005 4	0.006 5	0.007 6	0.009 0	0.010 8	0.012 6	0.014 4

表 1 普 通 锯 材 材 积 表

材长/m	材宽/mm	45	50	60	70	80	90	100
	30	0.003 2	0.003 6	0.004 3	0.005 0	0.005 8	0.006 5	0.007 2
	40	0.004 3	0.004 8	0.005 8	0.006 7	0.007 7	0.008 6	0.009 6
	50	0.005 4	0.006 0	0.007 2	0.008 4	0.009 6	0.010 8	0.012 0
	60	0.006 5	0.007 2	0.008 6	0.010 1	0.011 5	0.013 0	0.014 4
	70	0.007 6	0.008 4	0.010 1	0.011 8	0.013 4	0.015 1	0.016 8
2.4	80	0.008 6	0.009 6	0.011 5	0.013 4	0.015 4	0.017 3	0.019 2
	90	0.009 7	0.010 8	0.013 0	0.015 1	0.017 3	0.019 4	0.021 6
	100	0.010 8	0.012 0	0.014 4	0.016 8	0.019 2	0.021 6	0.024 0
	110	0.011 9	0.013 2	0.015 8	0.018 5	0.021 1	0.023 8	0.026 4
	120	0.013 0	0.014 4	0.017 3	0.020 2	0.023 0	0.025 9	0.028 8
	130	0.014 0	0.015 6	0.018 7	0.021 8	0.025 0	0.028 1	0.031 2
	140	0.015 1	0.016 8	0.020 2	0.023 5	0.026 9	0.030 2	0.033 6
	150	0.016 2	0.018 0	0.021 6	0.025 2	0.028 8	0.032 4	0.036 0

表 1 普 通 锯 材 材 积 表　　　　　续表

材长/m	材积/m³, 材厚/mm, 材宽/mm	12	15	18	21	25	30	35	40
2.4	160	0.004 6	0.005 8	0.006 9	0.008 1	0.009 6	0.011 5	0.013 4	0.015 4
	170	0.004 9	0.006 1	0.007 3	0.008 6	0.010 2	0.012 2	0.014 3	0.016 3
	180	0.005 2	0.006 5	0.007 8	0.009 1	0.010 8	0.013 0	0.015 1	0.017 3
	190	0.005 5	0.006 8	0.008 2	0.009 6	0.011 4	0.013 7	0.016 0	0.018 2
	200	0.005 8	0.007 2	0.008 6	0.010 1	0.012 0	0.014 4	0.016 8	0.019 2
	210	0.006 0	0.007 6	0.009 1	0.010 6	0.012 6	0.015 1	0.017 6	0.020 2
	220	0.006 3	0.007 9	0.009 5	0.011 1	0.013 2	0.015 8	0.018 5	0.021 1
	230	0.006 6	0.008 3	0.009 9	0.011 6	0.013 8	0.016 6	0.019 3	0.022 1
	240	0.006 9	0.008 6	0.010 4	0.012 1	0.014 4	0.017 3	0.020 2	0.023 0
	250	0.007 2	0.009 0	0.010 8	0.012 6	0.015 0	0.018 0	0.021 0	0.024 0
	260	0.007 5	0.009 4	0.011 2	0.013 1	0.015 6	0.018 7	0.021 8	0.025 0
	270	0.007 8	0.009 7	0.011 7	0.013 6	0.016 2	0.019 4	0.022 7	0.025 9
	280	0.008 1	0.010 1	0.012 1	0.014 1	0.016 8	0.020 2	0.023 5	0.026 9
	290	0.008 4	0.010 4	0.012 5	0.014 6	0.017 4	0.020 9	0.024 4	0.027 8
	300	0.008 6	0.010 8	0.013 0	0.015 1	0.018 0	0.021 6	0.025 2	0.028 8

表 1 普 通 锯 材 材 积 表

材长/m	材宽/mm	45	50	60	70	80	90	100
	160	0.017 3	0.019 2	0.023 0	0.026 9	0.030 7	0.034 6	0.038 4
	170	0.018 4	0.020 4	0.024 5	0.028 6	0.032 6	0.036 7	0.040 8
	180	0.019 4	0.021 6	0.025 9	0.030 2	0.034 6	0.038 9	0.043 2
	190	0.020 5	0.022 8	0.027 4	0.031 9	0.036 5	0.041 0	0.045 6
	200	0.021 6	0.024 0	0.028 8	0.033 6	0.038 4	0.043 2	0.048 0
2.4	210	0.022 7	0.025 2	0.030 2	0.035 3	0.040 3	0.045 4	0.050 4
	220	0.023 8	0.026 4	0.031 7	0.037 0	0.042 2	0.047 5	0.052 8
	230	0.024 8	0.027 6	0.033 1	0.038 6	0.044 2	0.049 7	0.055 2
	240	0.025 9	0.028 8	0.034 6	0.040 3	0.046 1	0.051 8	0.057 6
	250	0.027 0	0.030 0	0.036 0	0.042 0	0.048 0	0.054 0	0.060 0
	260	0.028 1	0.031 2	0.037 4	0.043 7	0.049 9	0.056 2	0.062 4
	270	0.029 2	0.032 4	0.038 9	0.045 4	0.051 8	0.058 3	0.064 8
	280	0.030 2	0.033 6	0.040 3	0.047 0	0.053 8	0.060 5	0.067 2
	290	0.031 3	0.034 8	0.041 8	0.048 7	0.055 7	0.062 6	0.069 6
	300	0.032 4	0.036 0	0.043 2	0.050 4	0.057 6	0.064 8	0.072 0

材积/m³   材厚/mm

表 1 普 通 锯 材 材 积 表

材长 /m	材宽 /mm	12	15	18	21	25	30	35	40
	30	0.000 9	0.001 1	0.001 4	0.001 6	0.001 9	0.002 3	0.002 6	0.003 0
	40	0.001 2	0.001 5	0.001 8	0.002 1	0.002 5	0.003 0	0.003 5	0.004 0
	50	0.001 5	0.001 9	0.002 3	0.002 6	0.003 1	0.003 8	0.004 4	0.005 0
	60	0.001 8	0.002 3	0.002 7	0.003 2	0.003 8	0.004 5	0.005 3	0.006 0
	70	0.002 1	0.002 6	0.003 2	0.003 7	0.004 4	0.005 3	0.006 1	0.007 0
2.5	80	0.002 4	0.003 0	0.003 6	0.004 2	0.005 0	0.006 0	0.007 0	0.008 0
	90	0.002 7	0.003 4	0.004 1	0.004 7	0.005 6	0.006 8	0.007 9	0.009 0
	100	0.003 0	0.003 8	0.004 5	0.005 3	0.006 3	0.007 5	0.008 8	0.010 0
	110	0.003 3	0.004 1	0.005 0	0.005 8	0.006 9	0.008 3	0.009 6	0.011 0
	120	0.003 6	0.004 5	0.005 4	0.006 3	0.007 5	0.009 0	0.010 5	0.012 0
	130	0.003 9	0.004 9	0.005 9	0.006 8	0.008 1	0.009 8	0.011 4	0.013 0
	140	0.004 2	0.005 3	0.006 3	0.007 4	0.008 8	0.010 5	0.012 3	0.014 0
	150	0.004 5	0.005 6	0.006 8	0.007 9	0.009 4	0.011 3	0.013 1	0.015 0

材积 /m³　材厚 /mm　材宽 /mm

表 1 普 通 锯 材 材 积 表

材长/m	材积/m³ 材宽/mm	材厚/mm 45	50	60	70	80	90	100
2.5	30	0.003 4	0.003 8	0.004 5	0.005 3	0.006 0	0.006 8	0.007 5
	40	0.004 5	0.005 0	0.006 0	0.007 0	0.008 0	0.009 0	0.010 0
	50	0.005 6	0.006 3	0.007 5	0.008 8	0.010 0	0.011 3	0.012 5
	60	0.006 8	0.007 5	0.009 0	0.010 5	0.012 0	0.013 5	0.015 0
	70	0.007 9	0.008 8	0.010 5	0.012 3	0.014 0	0.015 8	0.017 5
	80	0.009 0	0.010 0	0.012 0	0.014 0	0.016 0	0.018 0	0.020 0
	90	0.010 1	0.011 3	0.013 5	0.015 8	0.018 0	0.020 3	0.022 5
	100	0.011 3	0.012 5	0.015 0	0.017 5	0.020 0	0.022 5	0.025 0
	110	0.012 4	0.013 8	0.016 5	0.019 3	0.022 0	0.024 8	0.027 5
	120	0.013 5	0.015 0	0.018 0	0.021 0	0.024 0	0.027 0	0.030 0
	130	0.014 6	0.016 3	0.019 5	0.022 8	0.026 0	0.029 3	0.032 5
	140	0.015 8	0.017 5	0.021 0	0.024 5	0.028 0	0.031 5	0.035 0
	150	0.016 9	0.018 8	0.022 5	0.026 3	0.030 0	0.033 8	0.037 5

表 1　普 通 锯 材 材 积 表　　　　续表

材长/m	材宽/mm（材积/m³，材厚/mm）	12	15	18	21	25	30	35	40
2.5	160	0.004 8	0.006 0	0.007 2	0.008 4	0.010 0	0.012 0	0.014 0	0.016 0
	170	0.005 1	0.006 4	0.007 7	0.008 9	0.010 6	0.012 8	0.014 9	0.017 0
	180	0.005 4	0.006 8	0.008 1	0.009 5	0.011 3	0.013 5	0.015 8	0.018 0
	190	0.005 7	0.007 1	0.008 6	0.010 0	0.011 9	0.014 3	0.016 6	0.019 0
	200	0.006 0	0.007 5	0.009 0	0.010 5	0.012 5	0.015 0	0.017 5	0.020 0
	210	0.006 3	0.007 9	0.009 5	0.011 0	0.013 1	0.015 8	0.018 4	0.021 0
	220	0.006 6	0.008 3	0.009 9	0.011 6	0.013 8	0.016 5	0.019 3	0.022 0
	230	0.006 9	0.008 6	0.010 4	0.012 1	0.014 4	0.017 3	0.020 1	0.023 0
	240	0.007 2	0.009 0	0.010 8	0.012 6	0.015 0	0.018 0	0.021 0	0.024 0
	250	0.007 5	0.009 4	0.011 3	0.013 1	0.015 6	0.018 8	0.021 9	0.025 0
	260	0.007 8	0.009 8	0.011 7	0.013 7	0.016 3	0.019 5	0.022 8	0.026 0
	270	0.008 1	0.010 1	0.012 2	0.014 2	0.016 9	0.020 3	0.023 6	0.027 0
	280	0.008 4	0.010 5	0.012 6	0.014 7	0.017 5	0.021 0	0.024 5	0.028 0
	290	0.008 7	0.010 9	0.013 1	0.015 2	0.018 1	0.021 8	0.025 4	0.029 0
	300	0.009 0	0.011 3	0.013 5	0.015 8	0.018 8	0.022 5	0.026 3	0.030 0

表 1 普 通 锯 材 材 积 表

材长/m	材积/m³ 材厚/mm 材宽/mm	45	50	60	70	80	90	100
2.5	160	0.018 0	0.020 0	0.024 0	0.028 0	0.032 0	0.036 0	0.040 0
	170	0.019 1	0.021 3	0.025 5	0.029 8	0.034 0	0.038 3	0.042 5
	180	0.020 3	0.022 5	0.027 0	0.031 5	0.036 0	0.040 5	0.045 0
	190	0.021 4	0.023 8	0.028 5	0.033 3	0.038 0	0.042 8	0.047 5
	200	0.022 5	0.025 0	0.030 0	0.035 0	0.040 0	0.045 0	0.050 0
	210	0.023 6	0.026 3	0.031 5	0.036 8	0.042 0	0.047 3	0.052 5
	220	0.024 8	0.027 5	0.033 0	0.038 5	0.044 0	0.049 5	0.055 0
	230	0.025 9	0.028 8	0.034 5	0.040 3	0.046 0	0.051 8	0.057 5
	240	0.027 0	0.030 0	0.036 0	0.042 0	0.048 0	0.054 0	0.060 0
	250	0.028 1	0.031 3	0.037 5	0.043 8	0.050 0	0.056 3	0.062 5
	260	0.029 3	0.032 5	0.039 0	0.045 5	0.052 0	0.058 5	0.065 0
	270	0.030 4	0.033 8	0.040 5	0.047 3	0.054 0	0.060 8	0.067 5
	280	0.031 5	0.035 0	0.042 0	0.049 0	0.056 0	0.063 0	0.070 0
	290	0.032 6	0.036 3	0.043 5	0.050 8	0.058 0	0.065 3	0.072 5
	300	0.033 8	0.037 5	0.045 0	0.052 5	0.060 0	0.067 5	0.075 0

表 1　普　通　锯　材　材　积　表　　　　　续表

材长 /m	材宽 /mm	材厚/mm 12	15	18	21	25	30	35	40
2.6	30	0.000 9	0.001 2	0.001 4	0.001 6	0.002 0	0.002 3	0.002 7	0.003 1
	40	0.001 2	0.001 6	0.001 9	0.002 2	0.002 6	0.003 1	0.003 6	0.004 2
	50	0.001 6	0.002 0	0.002 3	0.002 7	0.003 3	0.003 9	0.004 6	0.005 2
	60	0.001 9	0.002 3	0.002 8	0.003 3	0.003 9	0.004 7	0.005 5	0.006 2
	70	0.002 2	0.002 7	0.003 3	0.003 8	0.004 6	0.005 5	0.006 4	0.007 3
	80	0.002 5	0.003 1	0.003 7	0.004 4	0.005 2	0.006 2	0.007 3	0.008 3
	90	0.002 8	0.003 5	0.004 2	0.004 9	0.005 9	0.007 0	0.008 2	0.009 4
	100	0.003 1	0.003 9	0.004 7	0.005 5	0.006 5	0.007 8	0.009 1	0.010 4
	110	0.003 4	0.004 3	0.005 1	0.006 0	0.007 2	0.008 6	0.010 0	0.011 4
	120	0.003 7	0.004 7	0.005 6	0.006 6	0.007 8	0.009 4	0.010 9	0.012 5
	130	0.004 1	0.005 1	0.006 1	0.007 1	0.008 5	0.010 1	0.011 8	0.013 5
	140	0.004 4	0.005 5	0.006 6	0.007 6	0.009 1	0.010 9	0.012 7	0.014 6
	150	0.004 7	0.005 9	0.007 0	0.008 2	0.009 8	0.011 7	0.013 7	0.015 6

表 1　普 通 锯 材 材 积 表　　　　　续表

材长/m	材积/m³　材厚/mm　材宽/mm	45	50	60	70	80	90	100
	30	0.003 5	0.003 9	0.004 7	0.005 5	0.006 2	0.007 0	0.007 8
	40	0.004 7	0.005 2	0.006 2	0.007 3	0.008 3	0.009 4	0.010 4
	50	0.005 9	0.006 5	0.007 8	0.009 1	0.010 4	0.011 7	0.013 0
	60	0.007 0	0.007 8	0.009 4	0.010 9	0.012 5	0.014 0	0.015 6
	70	0.008 2	0.009 1	0.010 9	0.012 7	0.014 6	0.016 4	0.018 2
2.6	80	0.009 4	0.010 4	0.012 5	0.014 6	0.016 6	0.018 7	0.020 8
	90	0.010 5	0.011 7	0.014 0	0.016 4	0.018 7	0.021 1	0.023 4
	100	0.011 7	0.013 0	0.015 6	0.018 2	0.020 8	0.023 4	0.026 0
	110	0.012 9	0.014 3	0.017 2	0.020 0	0.022 9	0.025 7	0.028 6
	120	0.014 0	0.015 6	0.018 7	0.021 8	0.025 0	0.028 1	0.031 2
	130	0.015 2	0.016 9	0.020 3	0.023 7	0.027 0	0.030 4	0.033 8
	140	0.016 4	0.018 2	0.021 8	0.025 5	0.029 1	0.032 8	0.036 4
	150	0.017 6	0.019 5	0.023 4	0.027 3	0.031 2	0.035 1	0.039 0

表 1 普 通 锯 材 材 积 表　　　　续表

材长 /m	材宽 /mm	材积 /m³　材厚 /mm							
		12	15	18	21	25	30	35	40
2.6	160	0.005 0	0.006 2	0.007 5	0.008 7	0.010 4	0.012 5	0.014 6	0.016 6
	170	0.005 3	0.006 6	0.008 0	0.009 3	0.011 1	0.013 3	0.015 5	0.017 7
	180	0.005 6	0.007 0	0.008 4	0.009 8	0.011 7	0.014 0	0.016 4	0.018 7
	190	0.005 9	0.007 4	0.008 9	0.010 4	0.012 4	0.014 8	0.017 3	0.019 8
	200	0.006 2	0.007 8	0.009 4	0.010 9	0.013 0	0.015 6	0.018 2	0.020 8
	210	0.006 6	0.008 2	0.009 8	0.011 5	0.013 7	0.016 4	0.019 1	0.021 8
	220	0.006 9	0.008 6	0.010 3	0.012 0	0.014 3	0.017 2	0.020 0	0.022 9
	230	0.007 2	0.009 0	0.010 8	0.012 6	0.015 0	0.017 9	0.020 9	0.023 9
	240	0.007 5	0.009 4	0.011 2	0.013 1	0.015 6	0.018 7	0.021 8	0.025 0
	250	0.007 8	0.009 8	0.011 7	0.013 7	0.016 3	0.019 5	0.022 8	0.026 0
	260	0.008 1	0.010 1	0.012 2	0.014 2	0.016 9	0.020 3	0.023 7	0.027 0
	270	0.008 4	0.010 5	0.012 6	0.014 7	0.017 6	0.021 1	0.024 6	0.028 1
	280	0.008 7	0.010 9	0.013 1	0.015 3	0.018 2	0.021 8	0.025 5	0.029 1
	290	0.009 0	0.011 3	0.013 6	0.015 8	0.018 9	0.022 6	0.026 4	0.030 2
	300	0.009 4	0.011 7	0.014 0	0.016 4	0.019 5	0.023 4	0.027 3	0.031 2

表 1 普 通 锯 材 材 积 表　　　　续表

材长/m	材积/m³ 材厚/mm 材宽/mm	45	50	60	70	80	90	100
2.6	160	0.018 7	0.020 8	0.025 0	0.029 1	0.033 3	0.037 4	0.041 6
	170	0.019 9	0.022 1	0.026 5	0.030 9	0.035 4	0.039 8	0.044 2
	180	0.021 1	0.023 4	0.028 1	0.032 8	0.037 4	0.042 1	0.046 8
	190	0.022 2	0.024 7	0.029 6	0.034 6	0.039 5	0.044 5	0.049 4
	200	0.023 4	0.026 0	0.031 2	0.036 4	0.041 6	0.046 8	0.052 0
	210	0.024 6	0.027 3	0.032 8	0.038 2	0.043 7	0.049 1	0.054 6
	220	0.025 7	0.028 6	0.034 3	0.040 0	0.045 8	0.051 5	0.057 2
	230	0.026 9	0.029 9	0.035 9	0.041 9	0.047 8	0.053 8	0.059 8
	240	0.028 1	0.031 2	0.037 4	0.043 7	0.049 9	0.056 2	0.062 4
	250	0.029 3	0.032 5	0.039 0	0.045 5	0.052 0	0.058 5	0.065 0
	260	0.030 4	0.033 8	0.040 6	0.047 3	0.054 1	0.060 8	0.067 6
	270	0.031 6	0.035 1	0.042 1	0.049 1	0.056 2	0.063 2	0.070 2
	280	0.032 8	0.036 4	0.043 7	0.051 0	0.058 2	0.065 5	0.072 8
	290	0.033 9	0.037 7	0.045 2	0.052 8	0.060 3	0.067 9	0.075 4
	300	0.035 1	0.039 0	0.046 8	0.054 6	0.062 4	0.070 2	0.078 0

表 1　普 通 锯 材 材 积 表　　　续表

材长/m	材宽/mm \ 材积/m³ \ 材厚/mm	12	15	18	21	25	30	35	40
2.8	30	0.001 0	0.001 3	0.001 5	0.001 8	0.002 1	0.002 5	0.002 9	0.003 4
	40	0.001 3	0.001 7	0.002 0	0.002 4	0.002 8	0.003 4	0.003 9	0.004 5
	50	0.001 7	0.002 1	0.002 5	0.002 9	0.003 5	0.004 2	0.004 9	0.005 6
	60	0.002 0	0.002 5	0.003 0	0.003 5	0.004 2	0.005 0	0.005 9	0.006 7
	70	0.002 4	0.002 9	0.003 5	0.004 1	0.004 9	0.005 9	0.006 9	0.007 8
	80	0.002 7	0.003 4	0.004 0	0.004 7	0.005 6	0.006 7	0.007 8	0.009 0
	90	0.003 0	0.003 8	0.004 5	0.005 3	0.006 3	0.007 6	0.008 8	0.010 1
	100	0.003 4	0.004 2	0.005 0	0.005 9	0.007 0	0.008 4	0.009 8	0.011 2
	110	0.003 7	0.004 6	0.005 5	0.006 5	0.007 7	0.009 2	0.010 8	0.012 3
	120	0.004 0	0.005 0	0.006 0	0.007 1	0.008 4	0.010 1	0.011 8	0.013 4
	130	0.004 4	0.005 5	0.006 6	0.007 6	0.009 1	0.010 9	0.012 7	0.014 6
	140	0.004 7	0.005 9	0.007 1	0.008 2	0.009 8	0.011 8	0.013 7	0.015 7
	150	0.005 0	0.006 3	0.007 6	0.008 8	0.010 5	0.012 6	0.014 7	0.016 8

表 1　普通锯材材积表　　　　　　　续表

材长/m	材宽/mm	材积/m³ 材厚/mm 45	50	60	70	80	90	100
2.8	30	0.003 8	0.004 2	0.005 0	0.005 9	0.006 7	0.007 6	0.008 4
	40	0.005 0	0.005 6	0.006 7	0.007 8	0.009 0	0.010 1	0.011 2
	50	0.006 3	0.007 0	0.008 4	0.009 8	0.011 2	0.012 6	0.014 0
	60	0.007 6	0.008 4	0.010 1	0.011 8	0.013 4	0.015 1	0.016 8
	70	0.008 8	0.009 8	0.011 8	0.013 7	0.015 7	0.017 6	0.019 6
	80	0.010 1	0.011 2	0.013 4	0.015 7	0.017 9	0.020 2	0.022 4
	90	0.011 3	0.012 6	0.015 1	0.017 6	0.020 2	0.022 7	0.025 2
	100	0.012 6	0.014 0	0.016 8	0.019 6	0.022 4	0.025 2	0.028 0
	110	0.013 9	0.015 4	0.018 5	0.021 6	0.024 6	0.027 7	0.030 8
	120	0.015 1	0.016 8	0.020 2	0.023 5	0.026 9	0.030 2	0.033 6
	130	0.016 4	0.018 2	0.021 8	0.025 5	0.029 1	0.032 8	0.036 4
	140	0.017 6	0.019 6	0.023 5	0.027 4	0.031 4	0.035 3	0.039 2
	150	0.018 9	0.021 0	0.025 2	0.029 4	0.033 6	0.037 8	0.042 0

表 1 普 通 锯 材 材 积 表　　　　续表

材长/m	材宽/mm（材积/m³、材厚/mm）	12	15	18	21	25	30	35	40
2.8	160	0.005 4	0.006 7	0.008 1	0.009 4	0.011 2	0.013 4	0.015 7	0.017 9
	170	0.005 7	0.007 1	0.008 6	0.010 0	0.011 9	0.014 3	0.016 7	0.019 0
	180	0.006 0	0.007 6	0.009 1	0.010 6	0.012 6	0.015 1	0.017 6	0.020 2
	190	0.006 4	0.008 0	0.009 6	0.011 2	0.013 3	0.016 0	0.018 6	0.021 3
	200	0.006 7	0.008 4	0.010 1	0.011 8	0.014 0	0.016 8	0.019 6	0.022 4
	210	0.007 1	0.008 8	0.010 6	0.012 3	0.014 7	0.017 6	0.020 6	0.023 5
	220	0.007 4	0.009 2	0.011 1	0.012 9	0.015 4	0.018 5	0.021 6	0.024 6
	230	0.007 7	0.009 7	0.011 6	0.013 5	0.016 1	0.019 3	0.022 5	0.025 8
	240	0.008 1	0.010 1	0.012 1	0.014 1	0.016 8	0.020 2	0.023 5	0.026 9
	250	0.008 4	0.010 5	0.012 6	0.014 7	0.017 5	0.021 0	0.024 5	0.028 0
	260	0.008 7	0.010 9	0.013 1	0.015 3	0.018 2	0.021 8	0.025 5	0.029 1
	270	0.009 1	0.011 3	0.013 6	0.015 9	0.018 9	0.022 7	0.026 5	0.030 2
	280	0.009 4	0.011 8	0.014 1	0.016 5	0.019 6	0.023 5	0.027 4	0.031 4
	290	0.009 7	0.012 2	0.014 6	0.017 1	0.020 3	0.024 4	0.028 4	0.032 5
	300	0.010 1	0.012 6	0.015 1	0.017 6	0.021 0	0.025 2	0.029 4	0.033 6

表 1 普 通 锯 材 材 积 表

材长 /m	材宽 /mm	材厚 /mm 材积 /m³ 45	50	60	70	80	90	100
	160	0.020 2	0.022 4	0.026 9	0.031 4	0.035 8	0.040 3	0.044 8
	170	0.021 4	0.023 8	0.028 6	0.033 3	0.038 1	0.042 8	0.047 6
	180	0.022 7	0.025 2	0.030 2	0.035 3	0.040 3	0.045 4	0.050 4
	190	0.023 9	0.026 6	0.031 9	0.037 2	0.042 6	0.047 9	0.053 2
	200	0.025 2	0.028 0	0.033 6	0.039 2	0.044 8	0.050 4	0.056 0
	210	0.026 5	0.029 4	0.035 3	0.041 2	0.047 0	0.052 9	0.058 8
	220	0.027 7	0.030 8	0.037 0	0.043 1	0.049 3	0.055 4	0.061 6
	230	0.029 0	0.032 2	0.038 6	0.045 1	0.051 5	0.058 0	0.064 4
2.8	240	0.030 2	0.033 6	0.040 3	0.047 0	0.053 8	0.060 5	0.067 2
	250	0.031 5	0.035 0	0.042 0	0.049 0	0.056 0	0.063 0	0.070 0
	260	0.032 8	0.036 4	0.043 7	0.051 0	0.058 2	0.065 5	0.072 8
	270	0.034 0	0.037 8	0.045 4	0.052 9	0.060 5	0.068 0	0.075 6
	280	0.035 3	0.039 2	0.047 0	0.054 9	0.062 7	0.070 6	0.078 4
	290	0.036 5	0.040 6	0.048 7	0.056 8	0.065 0	0.073 1	0.081 2
	300	0.037 8	0.042 0	0.050 4	0.058 8	0.067 2	0.075 6	0.084 0

表 1 普 通 锯 材 材 积 表 　续表

材长 /m	材宽 /mm ＼ 材积/m³ ＼ 材厚/mm	12	15	18	21	25	30	35	40
3.0	30	0.001 1	0.001 4	0.001 6	0.001 9	0.002 3	0.002 7	0.003 2	0.003 6
	40	0.001 4	0.001 8	0.002 2	0.002 5	0.003 0	0.003 6	0.004 2	0.004 8
	50	0.001 8	0.002 3	0.002 7	0.003 2	0.003 8	0.004 5	0.005 3	0.006 0
	60	0.002 2	0.002 7	0.003 2	0.003 8	0.004 5	0.005 4	0.006 3	0.007 2
	70	0.002 5	0.003 2	0.003 8	0.004 4	0.005 3	0.006 3	0.007 4	0.008 4
	80	0.002 9	0.003 6	0.004 3	0.005 0	0.006 0	0.007 2	0.008 4	0.009 6
	90	0.003 2	0.004 1	0.004 9	0.005 7	0.006 8	0.008 1	0.009 5	0.010 8
	100	0.003 6	0.004 5	0.005 4	0.006 3	0.007 5	0.009 0	0.010 5	0.012 0
	110	0.004 0	0.005 0	0.005 9	0.006 9	0.008 3	0.009 9	0.011 6	0.013 2
	120	0.004 3	0.005 4	0.006 5	0.007 6	0.009 0	0.010 8	0.012 6	0.014 4
	130	0.004 7	0.005 9	0.007 0	0.008 2	0.009 8	0.011 7	0.013 7	0.015 6
	140	0.005 0	0.006 3	0.007 6	0.008 8	0.010 5	0.012 6	0.014 7	0.016 8
	150	0.005 4	0.006 8	0.008 1	0.009 5	0.011 3	0.013 5	0.015 8	0.018 0

表 1 普通锯材材积表 续表

材长/m	材宽/mm	材积/m³ 材厚/mm	45	50	60	70	80	90	100
3.0	30		0.004 1	0.004 5	0.005 4	0.006 3	0.007 2	0.008 1	0.009 0
	40		0.005 4	0.006 0	0.007 2	0.008 4	0.009 6	0.010 8	0.012 0
	50		0.006 8	0.007 5	0.009 0	0.010 5	0.012 0	0.013 5	0.015 0
	60		0.008 1	0.009 0	0.010 8	0.012 6	0.014 4	0.016 2	0.018 0
	70		0.009 5	0.010 5	0.012 6	0.014 7	0.016 8	0.018 9	0.021 0
	80		0.010 8	0.012 0	0.014 4	0.016 8	0.019 2	0.021 6	0.024 0
	90		0.012 2	0.013 5	0.016 2	0.018 9	0.021 6	0.024 3	0.027 0
	100		0.013 5	0.015 0	0.018 0	0.021 0	0.024 0	0.027 0	0.030 0
	110		0.014 9	0.016 5	0.019 8	0.023 1	0.026 4	0.029 7	0.033 0
	120		0.016 2	0.018 0	0.021 6	0.025 2	0.028 8	0.032 4	0.036 0
	130		0.017 6	0.019 5	0.023 4	0.027 3	0.031 2	0.035 1	0.039 0
	140		0.018 9	0.021 0	0.025 2	0.029 4	0.033 6	0.037 8	0.042 0
	150		0.020 3	0.022 5	0.027 0	0.031 5	0.036 0	0.040 5	0.045 0

201

表 1　普 通 锯 材 材 积 表　　　续表

材长/m	材宽/mm	材厚/mm 材积/m³ 12	15	18	21	25	30	35	40
	160	0.005 8	0.007 2	0.008 6	0.010 1	0.012 0	0.014 4	0.016 8	0.019 2
	170	0.006 1	0.007 7	0.009 2	0.010 7	0.012 8	0.015 3	0.017 9	0.020 4
	180	0.006 5	0.008 1	0.009 7	0.011 3	0.013 5	0.016 2	0.018 9	0.021 6
	190	0.006 8	0.008 6	0.010 3	0.012 0	0.014 3	0.017 1	0.020 0	0.022 8
	200	0.007 2	0.009 0	0.010 8	0.012 6	0.015 0	0.018 0	0.021 0	0.024 0
3.0	210	0.007 6	0.009 5	0.011 3	0.013 2	0.015 8	0.018 9	0.022 1	0.025 2
	220	0.007 9	0.009 9	0.011 9	0.013 9	0.016 5	0.019 8	0.023 1	0.026 4
	230	0.008 3	0.010 4	0.012 4	0.014 5	0.017 3	0.020 7	0.024 2	0.027 6
	240	0.008 6	0.010 8	0.013 0	0.015 1	0.018 0	0.021 6	0.025 2	0.028 8
	250	0.009 0	0.011 3	0.013 5	0.015 8	0.018 8	0.022 5	0.026 3	0.030 0
	260	0.009 4	0.011 7	0.014 0	0.016 4	0.019 5	0.023 4	0.027 3	0.031 2
	270	0.009 7	0.012 2	0.014 6	0.017 0	0.020 3	0.024 3	0.028 4	0.032 4
	280	0.010 1	0.012 6	0.015 1	0.017 6	0.021 0	0.025 2	0.029 4	0.033 6
	290	0.010 4	0.013 1	0.015 7	0.018 3	0.021 8	0.026 1	0.030 5	0.034 8
	300	0.010 8	0.013 5	0.016 2	0.018 9	0.022 5	0.027 0	0.031 5	0.036 0

表 1 普 通 锯 材 材 积 表　　　　　续表

材长/m	材宽/mm　材积/m³　材厚/mm	45	50	60	70	80	90	100
3.0	160	0.021 6	0.024 0	0.028 8	0.033 6	0.038 4	0.043 2	0.048 0
	170	0.023 0	0.025 5	0.030 6	0.035 7	0.040 8	0.045 9	0.051 0
	180	0.024 3	0.027 0	0.032 4	0.037 8	0.043 2	0.048 6	0.054 0
	190	0.025 7	0.028 5	0.034 2	0.039 9	0.045 6	0.051 3	0.057 0
	200	0.027 0	0.030 0	0.036 0	0.042 0	0.048 0	0.054 0	0.060 0
	210	0.028 4	0.031 5	0.037 8	0.044 1	0.050 4	0.056 7	0.063 0
	220	0.029 7	0.033 0	0.039 6	0.046 2	0.052 8	0.059 4	0.066 0
	230	0.031 1	0.034 5	0.041 4	0.048 3	0.055 2	0.062 1	0.069 0
	240	0.032 4	0.036 0	0.043 2	0.050 4	0.057 6	0.064 8	0.072 0
	250	0.033 8	0.037 5	0.045 0	0.052 5	0.060 0	0.067 5	0.075 0
	260	0.035 1	0.039 0	0.046 8	0.054 6	0.062 4	0.070 2	0.078 0
	270	0.036 5	0.040 5	0.048 6	0.056 7	0.064 8	0.072 9	0.081 0
	280	0.037 8	0.042 0	0.050 4	0.058 8	0.067 2	0.075 6	0.084 0
	290	0.039 2	0.043 5	0.052 2	0.060 9	0.069 6	0.078 3	0.087 0
	300	0.040 5	0.045 0	0.054 0	0.063 0	0.072 0	0.081 0	0.090 0

表 1 普通锯材材积表

材积/m³ 材长/m	材宽/mm	材厚/mm 12	15	18	21	25	30	35	40
3.2	30	0.001 2	0.001 4	0.001 7	0.002 0	0.002 4	0.002 9	0.003 4	0.003 8
	40	0.001 5	0.001 9	0.002 3	0.002 7	0.003 2	0.003 8	0.004 5	0.005 1
	50	0.001 9	0.002 4	0.002 9	0.003 4	0.004 0	0.004 8	0.005 6	0.006 4
	60	0.002 3	0.002 9	0.003 5	0.004 0	0.004 8	0.005 8	0.006 7	0.007 7
	70	0.002 7	0.003 4	0.004 0	0.004 7	0.005 6	0.006 7	0.007 8	0.009 0
	80	0.003 1	0.003 8	0.004 6	0.005 4	0.006 4	0.007 7	0.009 0	0.010 2
	90	0.003 5	0.004 3	0.005 2	0.006 0	0.007 2	0.008 6	0.010 1	0.011 5
	100	0.003 8	0.004 8	0.005 8	0.006 7	0.008 0	0.009 6	0.011 2	0.012 8
	110	0.004 2	0.005 3	0.006 3	0.007 4	0.008 8	0.010 6	0.012 3	0.014 1
	120	0.004 6	0.005 8	0.006 9	0.008 1	0.009 6	0.011 5	0.013 4	0.015 4
	130	0.005 0	0.006 2	0.007 5	0.008 7	0.010 4	0.012 5	0.014 6	0.016 6
	140	0.005 4	0.006 7	0.008 1	0.009 4	0.011 2	0.013 4	0.015 7	0.017 9
	150	0.005 8	0.007 2	0.008 6	0.010 1	0.012 0	0.014 4	0.016 8	0.019 2

表 1 普 通 锯 材 材 积 表

材长/m	材宽/mm	45	50	60	70	80	90	100
	30	0.004 3	0.004 8	0.005 8	0.006 7	0.007 7	0.008 6	0.009 6
	40	0.005 8	0.006 4	0.007 7	0.009 0	0.010 2	0.011 5	0.012 8
	50	0.007 2	0.008 0	0.009 6	0.011 2	0.012 8	0.014 4	0.016 0
	60	0.008 6	0.009 6	0.011 5	0.013 4	0.015 4	0.017 3	0.019 2
	70	0.010 1	0.011 2	0.013 4	0.015 7	0.017 9	0.020 2	0.022 4
3.2	80	0.011 5	0.012 8	0.015 4	0.017 9	0.020 5	0.023 0	0.025 6
	90	0.013 0	0.014 4	0.017 3	0.020 2	0.023 0	0.025 9	0.028 8
	100	0.014 4	0.016 0	0.019 2	0.022 4	0.025 6	0.028 8	0.032 0
	110	0.015 8	0.017 6	0.021 1	0.024 6	0.028 2	0.031 7	0.035 2
	120	0.017 3	0.019 2	0.023 0	0.026 9	0.030 7	0.034 6	0.038 4
	130	0.018 7	0.020 8	0.025 0	0.029 1	0.033 3	0.037 4	0.041 6
	140	0.020 2	0.022 4	0.026 9	0.031 4	0.035 8	0.040 3	0.044 8
	150	0.021 6	0.024 0	0.028 8	0.033 6	0.038 4	0.043 2	0.048 0

材积/m³ 材厚/mm

表 1 普通锯材材积表 续表

材长/m	材积/m³ 材宽/mm 材厚/mm	12	15	18	21	25	30	35	40
3.2	160	0.006 1	0.007 7	0.009 2	0.010 8	0.012 8	0.015 4	0.017 9	0.020 5
	170	0.006 5	0.008 2	0.009 8	0.011 4	0.013 6	0.016 3	0.019 0	0.021 8
	180	0.006 9	0.008 6	0.010 4	0.012 1	0.014 4	0.017 3	0.020 2	0.023 0
	190	0.007 3	0.009 1	0.010 9	0.012 8	0.015 2	0.018 2	0.021 3	0.024 3
	200	0.007 7	0.009 6	0.011 5	0.013 4	0.016 0	0.019 2	0.022 4	0.025 6
	210	0.008 1	0.010 1	0.012 1	0.014 1	0.016 8	0.020 2	0.023 5	0.026 9
	220	0.008 4	0.010 6	0.012 7	0.014 8	0.017 6	0.021 1	0.024 6	0.028 2
	230	0.008 8	0.011 0	0.013 2	0.015 5	0.018 4	0.022 1	0.025 8	0.029 4
	240	0.009 2	0.011 5	0.013 8	0.016 1	0.019 2	0.023 0	0.026 9	0.030 7
	250	0.009 6	0.012 0	0.014 4	0.016 8	0.020 0	0.024 0	0.028 0	0.032 0
	260	0.010 0	0.012 5	0.015 0	0.017 5	0.020 8	0.025 0	0.029 1	0.033 3
	270	0.010 4	0.013 0	0.015 6	0.018 1	0.021 6	0.025 9	0.030 2	0.034 6
	280	0.010 8	0.013 4	0.016 1	0.018 8	0.022 4	0.026 9	0.031 4	0.035 8
	290	0.011 1	0.013 9	0.016 7	0.019 5	0.023 2	0.027 8	0.032 5	0.037 1
	300	0.011 5	0.014 4	0.017 3	0.020 2	0.024 0	0.028 8	0.033 6	0.038 4

表1 普通锯材材积表

材长/m	材厚/mm → 材积/m³ 材宽/mm ↓	45	50	60	70	80	90	100
	160	0.023 0	0.025 6	0.030 7	0.035 8	0.041 0	0.046 1	0.051 2
	170	0.024 5	0.027 2	0.032 6	0.038 1	0.043 5	0.049 0	0.054 4
	180	0.025 9	0.028 8	0.034 6	0.040 3	0.046 1	0.051 8	0.057 6
	190	0.027 4	0.030 4	0.036 5	0.042 6	0.048 6	0.054 7	0.060 8
	200	0.028 8	0.032 0	0.038 4	0.044 8	0.051 2	0.057 6	0.064 0
	210	0.030 2	0.033 6	0.040 3	0.047 0	0.053 8	0.060 5	0.067 2
	220	0.031 7	0.035 2	0.042 2	0.049 3	0.056 3	0.063 4	0.070 4
3.2	230	0.033 1	0.036 8	0.044 2	0.051 5	0.058 9	0.066 2	0.073 6
	240	0.034 6	0.038 4	0.046 1	0.053 8	0.061 4	0.069 1	0.076 8
	250	0.036 0	0.040 0	0.048 0	0.056 0	0.064 0	0.072 0	0.080 0
	260	0.037 4	0.041 6	0.049 9	0.058 2	0.066 6	0.074 9	0.083 2
	270	0.038 9	0.043 2	0.051 8	0.060 5	0.069 1	0.077 8	0.086 4
	280	0.040 3	0.044 8	0.053 8	0.062 7	0.071 7	0.080 6	0.089 6
	290	0.041 8	0.046 4	0.055 7	0.065 0	0.074 2	0.083 5	0.092 8
	300	0.043 2	0.048 0	0.057 6	0.067 2	0.076 8	0.086 4	0.096 0

表 1 普 通 锯 材 材 积 表   续表

材长/m	材积/m³ 材厚/mm 材宽/mm	12	15	18	21	25	30	35	40
	30	0.001 2	0.001 5	0.001 8	0.002 1	0.002 6	0.003 1	0.003 6	0.004 1
	40	0.001 6	0.002 0	0.002 4	0.002 9	0.003 4	0.004 1	0.004 8	0.005 4
	50	0.002 0	0.002 6	0.003 1	0.003 6	0.004 3	0.005 1	0.006 0	0.006 8
	60	0.002 4	0.003 1	0.003 7	0.004 3	0.005 1	0.006 1	0.007 1	0.008 2
	70	0.002 9	0.003 6	0.004 3	0.005 0	0.006 0	0.007 1	0.008 3	0.009 5
3.4	80	0.003 3	0.004 1	0.004 9	0.005 7	0.006 8	0.008 2	0.009 5	0.010 9
	90	0.003 7	0.004 6	0.005 5	0.006 4	0.007 7	0.009 2	0.010 7	0.012 2
	100	0.004 1	0.005 1	0.006 1	0.007 1	0.008 5	0.010 2	0.011 9	0.013 6
	110	0.004 5	0.005 6	0.006 7	0.007 9	0.009 4	0.011 2	0.013 1	0.015 0
	120	0.004 9	0.006 1	0.007 3	0.008 6	0.010 2	0.012 2	0.014 3	0.016 3
	130	0.005 3	0.006 6	0.008 0	0.009 3	0.011 1	0.013 3	0.015 5	0.017 7
	140	0.005 7	0.007 1	0.008 6	0.010 0	0.011 9	0.014 3	0.016 7	0.019 0
	150	0.006 1	0.007 7	0.009 2	0.010 7	0.012 8	0.015 3	0.017 9	0.020 4

表 1 普 通 锯 材 材 积 表

材长/m	材宽/mm	材积/m³ 材厚/mm						
		45	50	60	70	80	90	100
3.4	30	0.004 6	0.005 1	0.006 1	0.007 1	0.008 2	0.009 2	0.010 2
	40	0.006 1	0.006 8	0.008 2	0.009 5	0.010 9	0.012 2	0.013 6
	50	0.007 7	0.008 5	0.010 2	0.011 9	0.013 6	0.015 3	0.017 0
	60	0.009 2	0.010 2	0.012 2	0.014 3	0.016 3	0.018 4	0.020 4
	70	0.010 7	0.011 9	0.014 3	0.016 7	0.019 0	0.021 4	0.023 8
	80	0.012 2	0.013 6	0.016 3	0.019 0	0.021 8	0.024 5	0.027 2
	90	0.013 8	0.015 3	0.018 4	0.021 4	0.024 5	0.027 5	0.030 6
	100	0.015 3	0.017 0	0.020 4	0.023 8	0.027 2	0.030 6	0.034 0
	110	0.016 8	0.018 7	0.022 4	0.026 2	0.029 9	0.033 7	0.037 4
	120	0.018 4	0.020 4	0.024 5	0.028 6	0.032 6	0.036 7	0.040 8
	130	0.019 9	0.022 1	0.026 5	0.030 9	0.035 4	0.039 8	0.044 2
	140	0.021 4	0.023 8	0.028 6	0.033 3	0.038 1	0.042 8	0.047 6
	150	0.023 0	0.025 5	0.030 6	0.035 7	0.040 8	0.045 9	0.051 0

表 1　普 通 锯 材 材 积 表　　　　续表

材长/m	材宽/mm	材积/m³　材厚/mm 12	15	18	21	25	30	35	40
	160	0.006 5	0.008 2	0.009 8	0.011 4	0.013 6	0.016 3	0.019 0	0.021 8
	170	0.006 9	0.008 7	0.010 4	0.012 1	0.014 5	0.017 3	0.020 2	0.023 1
	180	0.007 3	0.009 2	0.011 0	0.012 9	0.015 3	0.018 4	0.021 4	0.024 5
	190	0.007 8	0.009 7	0.011 6	0.013 6	0.016 2	0.019 4	0.022 6	0.025 8
	200	0.008 2	0.010 2	0.012 2	0.014 3	0.017 0	0.020 4	0.023 8	0.027 2
3.4	210	0.008 6	0.010 7	0.012 9	0.015 0	0.017 9	0.021 4	0.025 0	0.028 6
	220	0.009 0	0.011 2	0.013 5	0.015 7	0.018 7	0.022 4	0.026 2	0.029 9
	230	0.009 4	0.011 7	0.014 1	0.016 4	0.019 6	0.023 5	0.027 4	0.031 3
	240	0.009 8	0.012 2	0.014 7	0.017 1	0.020 4	0.024 5	0.028 6	0.032 6
	250	0.010 2	0.012 8	0.015 3	0.017 9	0.021 3	0.025 5	0.029 8	0.034 0
	260	0.010 6	0.013 3	0.015 9	0.018 6	0.022 1	0.026 5	0.030 9	0.035 4
	270	0.011 0	0.013 8	0.016 5	0.019 3	0.023 0	0.027 5	0.032 1	0.036 7
	280	0.011 4	0.014 3	0.017 1	0.020 0	0.023 8	0.028 6	0.033 3	0.038 1
	290	0.011 8	0.014 8	0.017 7	0.020 7	0.024 7	0.029 6	0.034 5	0.039 4
	300	0.012 2	0.015 3	0.018 4	0.021 4	0.025 5	0.030 6	0.035 7	0.040 8

表 1　普通锯材材积表

续表

材长/m	材积/m³　材厚/mm　材宽/mm	45	50	60	70	80	90	100
3.4	160	0.024 5	0.027 2	0.032 6	0.038 1	0.043 5	0.049 0	0.054 4
	170	0.026 0	0.028 9	0.034 7	0.040 5	0.046 2	0.052 0	0.057 8
	180	0.027 5	0.030 6	0.036 7	0.042 8	0.049 0	0.055 1	0.061 2
	190	0.029 1	0.032 3	0.038 8	0.045 2	0.051 7	0.058 1	0.064 6
	200	0.030 6	0.034 0	0.040 8	0.047 6	0.054 4	0.061 2	0.068 0
	210	0.032 1	0.035 7	0.042 8	0.050 0	0.057 1	0.064 3	0.071 4
	220	0.033 7	0.037 4	0.044 9	0.052 4	0.059 8	0.067 3	0.074 8
	230	0.035 2	0.039 1	0.046 9	0.054 7	0.062 6	0.070 4	0.078 2
	240	0.036 7	0.040 8	0.049 0	0.057 1	0.065 3	0.073 4	0.081 6
	250	0.038 3	0.042 5	0.051 0	0.059 5	0.068 0	0.076 5	0.085 0
	260	0.039 8	0.044 2	0.053 0	0.061 9	0.070 7	0.079 6	0.088 4
	270	0.041 3	0.045 9	0.055 1	0.064 3	0.073 4	0.082 6	0.091 8
	280	0.042 8	0.047 6	0.057 1	0.066 6	0.076 2	0.085 7	0.095 2
	290	0.044 4	0.049 3	0.059 2	0.069 0	0.078 9	0.088 7	0.098 6
	300	0.045 9	0.051 0	0.061 2	0.071 4	0.081 6	0.091 8	0.102 0

表1 普通锯材材积表

材长/m	材宽/mm	材厚/mm 12	15	18	21	25	30	35	40
	30	0.001 3	0.001 6	0.001 9	0.002 3	0.002 7	0.003 2	0.003 8	0.004 3
	40	0.001 7	0.002 2	0.002 6	0.003 0	0.003 6	0.004 3	0.005 0	0.005 8
	50	0.002 2	0.002 7	0.003 2	0.003 8	0.004 5	0.005 4	0.006 3	0.007 2
	60	0.002 6	0.003 2	0.003 9	0.004 5	0.005 4	0.006 5	0.007 6	0.008 6
	70	0.003 0	0.003 8	0.004 5	0.005 3	0.006 3	0.007 6	0.008 8	0.010 1
3.6	80	0.003 5	0.004 3	0.005 2	0.006 0	0.007 2	0.008 6	0.010 1	0.011 5
	90	0.003 9	0.004 9	0.005 8	0.006 8	0.008 1	0.009 7	0.011 3	0.013 0
	100	0.004 3	0.005 4	0.006 5	0.007 6	0.009 0	0.010 8	0.012 6	0.014 4
	110	0.004 8	0.005 9	0.007 1	0.008 3	0.009 9	0.011 9	0.013 9	0.015 8
	120	0.005 2	0.006 5	0.007 8	0.009 1	0.010 8	0.013 0	0.015 1	0.017 3
	130	0.005 6	0.007 0	0.008 4	0.009 8	0.011 7	0.014 0	0.016 4	0.018 7
	140	0.006 0	0.007 6	0.009 1	0.010 6	0.012 6	0.015 1	0.017 6	0.020 2
	150	0.006 5	0.008 1	0.009 7	0.011 3	0.013 5	0.016 2	0.018 9	0.021 6

表 1　普 通 锯 材 材 积 表　　　　续表

材长/m	材宽/mm · 材积/m³ · 材厚/mm	45	50	60	70	80	90	100
3.6	30	0.004 9	0.005 4	0.006 5	0.007 6	0.008 6	0.009 7	0.010 8
	40	0.006 5	0.007 2	0.008 6	0.010 1	0.011 5	0.013 0	0.014 4
	50	0.008 1	0.009 0	0.010 8	0.012 6	0.014 4	0.016 2	0.018 0
	60	0.009 7	0.010 8	0.013 0	0.015 1	0.017 3	0.019 4	0.021 6
	70	0.011 3	0.012 6	0.015 1	0.017 6	0.020 2	0.022 7	0.025 2
	80	0.013 0	0.014 4	0.017 3	0.020 2	0.023 0	0.025 9	0.028 8
	90	0.014 6	0.016 2	0.019 4	0.022 7	0.025 9	0.029 2	0.032 4
	100	0.016 2	0.018 0	0.021 6	0.025 2	0.028 8	0.032 4	0.036 0
	110	0.017 8	0.019 8	0.023 8	0.027 7	0.031 7	0.035 6	0.039 6
	120	0.019 4	0.021 6	0.025 9	0.030 2	0.034 6	0.038 9	0.043 2
	130	0.021 1	0.023 4	0.028 1	0.032 8	0.037 4	0.042 1	0.046 8
	140	0.022 7	0.025 2	0.030 2	0.035 3	0.040 3	0.045 4	0.050 4
	150	0.024 3	0.027 0	0.032 4	0.037 8	0.043 2	0.048 6	0.054 0

表 1 普通锯材材积表 续表

材长/m	材宽/mm 材厚/mm 材积/m³	12	15	18	21	25	30	35	40
3.6	160	0.006 9	0.008 6	0.010 4	0.012 1	0.014 4	0.017 3	0.020 2	0.023 0
	170	0.007 3	0.009 2	0.011 0	0.012 9	0.015 3	0.018 4	0.021 4	0.024 5
	180	0.007 8	0.009 7	0.011 7	0.013 6	0.016 2	0.019 4	0.022 7	0.025 9
	190	0.008 2	0.010 3	0.012 3	0.014 4	0.017 1	0.020 5	0.023 9	0.027 4
	200	0.008 6	0.010 8	0.013 0	0.015 1	0.018 0	0.021 6	0.025 2	0.028 8
	210	0.009 1	0.011 3	0.013 6	0.015 9	0.018 9	0.022 7	0.026 5	0.030 2
	220	0.009 5	0.011 9	0.014 3	0.016 6	0.019 8	0.023 8	0.027 7	0.031 7
	230	0.009 9	0.012 4	0.014 9	0.017 4	0.020 7	0.024 8	0.029 0	0.033 1
	240	0.010 4	0.013 0	0.015 6	0.018 1	0.021 6	0.025 9	0.030 2	0.034 6
	250	0.010 8	0.013 5	0.016 2	0.018 9	0.022 5	0.027 0	0.031 5	0.036 0
	260	0.011 2	0.014 0	0.016 8	0.019 7	0.023 4	0.028 1	0.032 8	0.037 4
	270	0.011 7	0.014 6	0.017 5	0.020 4	0.024 3	0.029 2	0.034 0	0.038 9
	280	0.012 1	0.015 1	0.018 1	0.021 2	0.025 2	0.030 2	0.035 3	0.040 3
	290	0.012 5	0.015 7	0.018 8	0.021 9	0.026 1	0.031 3	0.036 5	0.041 8
	300	0.013 0	0.016 2	0.019 4	0.022 7	0.027 0	0.032 4	0.037 8	0.043 2

表 1 普 通 锯 材 材 积 表　　　　　续表

材长/m	材积/m³ 材厚/mm — 材宽/mm	45	50	60	70	80	90	100
3.6	160	0.025 9	0.028 8	0.034 6	0.040 3	0.046 1	0.051 8	0.057 6
	170	0.027 5	0.030 6	0.036 7	0.042 8	0.049 0	0.055 1	0.061 2
	180	0.029 2	0.032 4	0.038 9	0.045 4	0.051 8	0.058 3	0.064 8
	190	0.030 8	0.034 2	0.041 0	0.047 9	0.054 7	0.061 6	0.068 4
	200	0.032 4	0.036 0	0.043 2	0.050 4	0.057 6	0.064 8	0.072 0
	210	0.034 0	0.037 8	0.045 4	0.052 9	0.060 5	0.068 0	0.075 6
	220	0.035 6	0.039 6	0.047 5	0.055 4	0.063 4	0.071 3	0.079 2
	230	0.037 3	0.041 4	0.049 7	0.058 0	0.066 2	0.074 5	0.082 8
	240	0.038 9	0.043 2	0.051 8	0.060 5	0.069 1	0.077 8	0.086 4
	250	0.040 5	0.045 0	0.054 0	0.063 0	0.072 0	0.081 0	0.090 0
	260	0.042 1	0.046 8	0.056 2	0.065 5	0.074 9	0.084 2	0.093 6
	270	0.043 7	0.048 6	0.058 3	0.068 0	0.077 8	0.087 5	0.097 2
	280	0.045 4	0.050 4	0.060 5	0.070 6	0.080 6	0.090 7	0.100 8
	290	0.047 0	0.052 2	0.062 6	0.073 1	0.083 5	0.094 0	0.104 4
	300	0.048 6	0.054 0	0.064 8	0.075 6	0.086 4	0.097 2	0.108 0

表 1　普 通 锯 材 材 积 表　　　　　　续表

材长/m	材积/m³ 材宽/mm 材厚/mm	12	15	18	21	25	30	35	40
3.8	30	0.001 4	0.001 7	0.002 1	0.002 4	0.002 9	0.003 4	0.004 0	0.004 6
	40	0.001 8	0.002 3	0.002 7	0.003 2	0.003 8	0.004 6	0.005 3	0.006 1
	50	0.002 3	0.002 9	0.003 4	0.004 0	0.004 8	0.005 7	0.006 7	0.007 6
	60	0.002 7	0.003 4	0.004 1	0.004 8	0.005 7	0.006 8	0.008 0	0.009 1
	70	0.003 2	0.004 0	0.004 8	0.005 6	0.006 7	0.008 0	0.009 3	0.010 6
	80	0.003 6	0.004 6	0.005 5	0.006 4	0.007 6	0.009 1	0.010 6	0.012 2
	90	0.004 1	0.005 1	0.006 2	0.007 2	0.008 6	0.010 3	0.012 0	0.013 7
	100	0.004 6	0.005 7	0.006 8	0.008 0	0.009 5	0.011 4	0.013 3	0.015 2
	110	0.005 0	0.006 3	0.007 5	0.008 8	0.010 5	0.012 5	0.014 6	0.016 7
	120	0.005 5	0.006 8	0.008 2	0.009 6	0.011 4	0.013 7	0.016 0	0.018 2
	130	0.005 9	0.007 4	0.008 9	0.010 4	0.012 4	0.014 8	0.017 3	0.019 8
	140	0.006 4	0.008 0	0.009 6	0.011 2	0.013 3	0.016 0	0.018 6	0.021 3
	150	0.006 8	0.008 6	0.010 3	0.012 0	0.014 3	0.017 1	0.020 0	0.022 8

表 1 普通锯材材积表 续表

材长/m	材积/m³、材厚/mm、材宽/mm	45	50	60	70	80	90	100
3.8	30	0.005 1	0.005 7	0.006 8	0.008 0	0.009 1	0.010 3	0.011 4
	40	0.006 8	0.007 6	0.009 1	0.010 6	0.012 2	0.013 7	0.015 2
	50	0.008 6	0.009 5	0.011 4	0.013 3	0.015 2	0.017 1	0.019 0
	60	0.010 3	0.011 4	0.013 7	0.016 0	0.018 2	0.020 5	0.022 8
	70	0.012 0	0.013 3	0.016 0	0.018 6	0.021 3	0.023 9	0.026 6
	80	0.013 7	0.015 2	0.018 2	0.021 3	0.024 3	0.027 4	0.030 4
	90	0.015 4	0.017 1	0.020 5	0.023 9	0.027 4	0.030 8	0.034 2
	100	0.017 1	0.019 0	0.022 8	0.026 6	0.030 4	0.034 2	0.038 0
	110	0.018 8	0.020 9	0.025 1	0.029 3	0.033 4	0.037 6	0.041 8
	120	0.020 5	0.022 8	0.027 4	0.031 9	0.036 5	0.041 0	0.045 6
	130	0.022 2	0.024 7	0.029 6	0.034 6	0.039 5	0.044 5	0.049 4
	140	0.023 9	0.026 6	0.031 9	0.037 2	0.042 6	0.047 9	0.053 2
	150	0.025 7	0.028 5	0.034 2	0.039 9	0.045 6	0.051 3	0.057 0

表 1 普 通 锯 材 材 积 表　　　　　　　续表

材长/m	材宽/mm　材厚/mm 材积/m³	12	15	18	21	25	30	35	40
3.8	160	0.007 3	0.009 1	0.010 9	0.012 8	0.015 2	0.018 2	0.021 3	0.024 3
	170	0.007 8	0.009 7	0.011 6	0.013 6	0.016 2	0.019 4	0.022 6	0.025 8
	180	0.008 2	0.010 3	0.012 3	0.014 4	0.017 1	0.020 5	0.023 9	0.027 4
	190	0.008 7	0.010 8	0.013 0	0.015 2	0.018 1	0.021 7	0.025 3	0.028 9
	200	0.009 1	0.011 4	0.013 7	0.016 0	0.019 0	0.022 8	0.026 6	0.030 4
	210	0.009 6	0.012 0	0.014 4	0.016 8	0.020 0	0.023 9	0.027 9	0.031 9
	220	0.010 0	0.012 5	0.015 0	0.017 6	0.020 9	0.025 1	0.029 3	0.033 4
	230	0.010 5	0.013 1	0.015 7	0.018 4	0.021 9	0.026 2	0.030 6	0.035 0
	240	0.010 9	0.013 7	0.016 4	0.019 2	0.022 8	0.027 4	0.031 9	0.036 5
	250	0.011 4	0.014 3	0.017 1	0.020 0	0.023 8	0.028 5	0.033 3	0.038 0
	260	0.011 9	0.014 8	0.017 8	0.020 7	0.024 7	0.029 6	0.034 6	0.039 5
	270	0.012 3	0.015 4	0.018 5	0.021 5	0.025 7	0.030 8	0.035 9	0.041 0
	280	0.012 8	0.016 0	0.019 2	0.022 3	0.026 6	0.031 9	0.037 2	0.042 6
	290	0.013 2	0.016 5	0.019 8	0.023 1	0.027 6	0.033 1	0.038 6	0.044 1
	300	0.013 7	0.017 1	0.020 5	0.023 9	0.028 5	0.034 2	0.039 9	0.045 6

表 1　普通锯材材积表　　　　　续表

材长/m	材积/m³　材厚/mm　材宽/mm	45	50	60	70	80	90	100
3.8	160	0.027 4	0.030 4	0.036 5	0.042 6	0.048 6	0.054 7	0.060 8
	170	0.029 1	0.032 3	0.038 8	0.045 2	0.051 7	0.058 1	0.064 6
	180	0.030 8	0.034 2	0.041 0	0.047 9	0.054 7	0.061 6	0.068 4
	190	0.032 5	0.036 1	0.043 3	0.050 5	0.057 8	0.065 0	0.072 2
	200	0.034 2	0.038 0	0.045 6	0.053 2	0.060 8	0.068 4	0.076 0
	210	0.035 9	0.039 9	0.047 9	0.055 9	0.063 8	0.071 8	0.079 8
	220	0.037 6	0.041 8	0.050 2	0.058 5	0.066 9	0.075 2	0.083 6
	230	0.039 3	0.043 7	0.052 4	0.061 2	0.069 9	0.078 7	0.087 4
	240	0.041 0	0.045 6	0.054 7	0.063 8	0.073 0	0.082 1	0.091 2
	250	0.042 8	0.047 5	0.057 0	0.066 5	0.076 0	0.085 5	0.095 0
	260	0.044 5	0.049 4	0.059 3	0.069 2	0.079 0	0.088 9	0.098 8
	270	0.046 2	0.051 3	0.061 6	0.071 8	0.082 1	0.092 3	0.102 6
	280	0.047 9	0.053 2	0.063 8	0.074 5	0.085 1	0.095 8	0.106 4
	290	0.049 6	0.055 1	0.066 1	0.077 1	0.088 2	0.099 2	0.110 2
	300	0.051 3	0.057 0	0.068 4	0.079 8	0.091 2	0.102 6	0.114 0

表 1 普 通 锯 材 材 积 表

材长 /m	材积 /m³ 材宽 /mm	材厚 /mm 12	15	18	21	25	30	35	40
4.0	30	0.001 4	0.001 8	0.002 2	0.002 5	0.003 0	0.003 6	0.004 2	0.004 8
	40	0.001 9	0.002 4	0.002 9	0.003 4	0.004 0	0.004 8	0.005 6	0.006 4
	50	0.002 4	0.003 0	0.003 6	0.004 2	0.005 0	0.006 0	0.007 0	0.008 0
	60	0.002 9	0.003 6	0.004 3	0.005 9	0.007 0	0.008 4	0.009 8	0.011 2
	70	0.003 4	0.004 2	0.005 0	0.005 9	0.007 0	0.008 4	0.009 8	0.011 2
	80	0.003 8	0.004 8	0.005 8	0.006 7	0.008 0	0.009 6	0.011 2	0.012 8
	90	0.004 3	0.005 4	0.006 5	0.007 6	0.009 0	0.010 8	0.012 6	0.014 4
	100	0.004 8	0.006 0	0.007 2	0.008 4	0.010 0	0.012 0	0.014 0	0.016 0
	110	0.005 3	0.006 6	0.007 9	0.009 2	0.011 0	0.013 2	0.015 4	0.017 6
	120	0.005 8	0.007 2	0.008 6	0.010 1	0.012 0	0.014 4	0.016 8	0.019 2
	130	0.006 2	0.007 8	0.009 4	0.010 9	0.013 0	0.015 6	0.018 2	0.020 8
	140	0.006 7	0.008 4	0.010 1	0.011 8	0.014 0	0.016 8	0.019 6	0.022 4
	150	0.007 2	0.009 0	0.010 8	0.012 6	0.015 0	0.018 0	0.021 0	0.024 0

表 1 普 通 锯 材 材 积 表

材长/m	材宽/mm （材积/m³）（材厚/mm）	45	50	60	70	80	90	100
4.0	30	0.005 4	0.006 0	0.007 2	0.008 4	0.009 6	0.010 8	0.012 0
	40	0.007 2	0.008 0	0.009 6	0.011 2	0.012 8	0.014 4	0.016 0
	50	0.009 0	0.010 0	0.012 0	0.014 0	0.016 0	0.018 0	0.020 0
	60	0.010 8	0.012 0	0.014 4	0.016 8	0.019 2	0.021 6	0.024 0
	70	0.012 6	0.014 0	0.016 8	0.019 6	0.022 4	0.025 2	0.028 0
	80	0.014 4	0.016 0	0.019 2	0.022 4	0.025 6	0.028 8	0.032 0
	90	0.016 2	0.018 0	0.021 6	0.025 2	0.028 8	0.032 4	0.036 0
	100	0.018 0	0.020 0	0.024 0	0.028 0	0.032 0	0.036 0	0.040 0
	110	0.019 8	0.022 0	0.026 4	0.030 8	0.035 2	0.039 6	0.044 0
	120	0.021 6	0.024 0	0.028 8	0.033 6	0.038 4	0.043 2	0.048 0
	130	0.023 4	0.026 0	0.031 2	0.036 4	0.041 6	0.046 8	0.052 0
	140	0.025 2	0.028 0	0.033 6	0.039 2	0.044 8	0.050 4	0.056 0
	150	0.027 0	0.030 0	0.036 0	0.042 0	0.048 0	0.054 0	0.060 0

表 1 普通锯材材积表　　　　　　　　续表

材长/m	材积/m³　材宽/mm　材厚/mm	12	15	18	21	25	30	35	40
	160	0.007 7	0.009 6	0.011 5	0.013 4	0.016 0	0.019 2	0.022 4	0.025 6
	170	0.008 2	0.010 2	0.012 2	0.014 3	0.017 0	0.020 4	0.023 8	0.027 2
	180	0.008 6	0.010 8	0.013 0	0.015 1	0.018 0	0.021 6	0.025 2	0.028 8
	190	0.009 1	0.011 4	0.013 7	0.016 0	0.019 0	0.022 8	0.026 6	0.030 4
	200	0.009 6	0.012 0	0.014 4	0.016 8	0.020 0	0.024 0	0.028 0	0.032 0
4.0	210	0.010 1	0.012 6	0.015 1	0.017 6	0.021 0	0.025 2	0.029 4	0.033 6
	220	0.010 6	0.013 2	0.015 8	0.018 5	0.022 0	0.026 4	0.030 8	0.035 2
	230	0.011 0	0.013 8	0.016 6	0.019 3	0.023 0	0.027 6	0.032 2	0.036 8
	240	0.011 5	0.014 4	0.017 3	0.020 2	0.024 0	0.028 8	0.033 6	0.038 4
	250	0.012 0	0.015 0	0.018 0	0.021 0	0.025 0	0.030 0	0.035 0	0.040 0
	260	0.012 5	0.015 6	0.018 7	0.021 8	0.026 0	0.031 2	0.036 4	0.041 6
	270	0.013 0	0.016 2	0.019 4	0.022 7	0.027 0	0.032 4	0.037 8	0.043 2
	280	0.013 4	0.016 8	0.020 2	0.023 5	0.028 0	0.033 6	0.039 2	0.044 8
	290	0.013 9	0.017 4	0.020 9	0.024 4	0.029 0	0.034 8	0.040 6	0.046 4
	300	0.014 4	0.018 0	0.021 6	0.025 2	0.030 0	0.036 0	0.042 0	0.048 0

表 1　普 通 锯 材 材 积 表

材长/m	材宽/mm	材积/m³　材厚/mm 45	50	60	70	80	90	100
4.0	160	0.028 8	0.032 0	0.038 4	0.044 8	0.051 2	0.057 6	0.064 0
	170	0.030 6	0.034 0	0.040 8	0.047 6	0.054 4	0.061 2	0.068 0
	180	0.032 4	0.036 0	0.043 2	0.050 4	0.057 6	0.064 8	0.072 0
	190	0.034 2	0.038 0	0.045 6	0.053 2	0.060 8	0.068 4	0.076 0
	200	0.036 0	0.040 0	0.048 0	0.056 0	0.064 0	0.072 0	0.080 0
	210	0.037 8	0.042 0	0.050 4	0.058 8	0.067 2	0.075 6	0.084 0
	220	0.039 6	0.044 0	0.052 8	0.061 6	0.070 4	0.079 2	0.088 0
	230	0.041 4	0.046 0	0.055 2	0.064 4	0.073 6	0.082 8	0.092 0
	240	0.043 2	0.048 0	0.057 6	0.067 2	0.076 8	0.086 4	0.096 0
	250	0.045 0	0.050 0	0.060 0	0.070 0	0.080 0	0.090 0	0.100 0
	260	0.046 8	0.052 0	0.062 4	0.072 8	0.083 2	0.093 6	0.104 0
	270	0.048 6	0.054 0	0.064 8	0.075 6	0.086 4	0.097 2	0.108 0
	280	0.050 4	0.056 0	0.067 2	0.078 4	0.089 6	0.100 8	0.112 0
	290	0.052 2	0.058 0	0.069 6	0.081 2	0.092 8	0.104 4	0.116 0
	300	0.054 0	0.060 0	0.072 0	0.084 0	0.096 0	0.108 0	0.120 0

表 1 普通锯材材积表　　　　　　　　　　　　　　　　续表

材长/m	材积/m³ 材宽/mm	材厚/mm 12	15	18	21	25	30	35	40
4.2	30	0.001 5	0.001 9	0.002 3	0.002 6	0.003 2	0.003 8	0.004 4	0.005 0
	40	0.002 0	0.002 5	0.003 0	0.003 5	0.004 2	0.005 0	0.005 9	0.006 7
	50	0.002 5	0.003 2	0.003 8	0.004 4	0.005 3	0.006 3	0.007 4	0.008 4
	60	0.003 0	0.003 8	0.004 5	0.005 3	0.006 3	0.007 6	0.008 8	0.010 1
	70	0.003 5	0.004 4	0.005 3	0.006 2	0.007 4	0.008 8	0.010 3	0.011 8
	80	0.004 0	0.005 0	0.006 0	0.007 1	0.008 4	0.010 1	0.011 8	0.013 4
	90	0.004 5	0.005 7	0.006 8	0.007 9	0.009 5	0.011 3	0.013 2	0.015 1
	100	0.005 0	0.006 3	0.007 6	0.008 8	0.010 5	0.012 6	0.014 7	0.016 8
	110	0.005 5	0.006 9	0.008 3	0.009 7	0.011 6	0.013 9	0.016 2	0.018 5
	120	0.006 0	0.007 6	0.009 1	0.010 6	0.012 6	0.015 1	0.017 6	0.020 2
	130	0.006 6	0.008 2	0.009 8	0.011 5	0.013 7	0.016 4	0.019 1	0.021 8
	140	0.007 1	0.008 8	0.010 6	0.012 3	0.014 7	0.017 6	0.020 6	0.023 5
	150	0.007 6	0.009 5	0.011 3	0.013 2	0.015 8	0.018 9	0.022 1	0.025 2

表 1 普 通 锯 材 材 积 表

材长/m	材宽/mm	材厚/mm 材积/m³ 45	50	60	70	80	90	100
	30	0.005 7	0.006 3	0.007 6	0.008 8	0.010 1	0.011 3	0.012 6
	40	0.007 6	0.008 4	0.010 1	0.011 8	0.013 4	0.015 1	0.016 8
	50	0.009 5	0.010 5	0.012 6	0.014 7	0.016 8	0.018 9	0.021 0
	60	0.011 3	0.012 6	0.015 1	0.017 6	0.020 2	0.022 7	0.025 2
	70	0.013 2	0.014 7	0.017 6	0.020 6	0.023 5	0.026 5	0.029 4
4.2	80	0.015 1	0.016 8	0.020 2	0.023 5	0.026 9	0.030 2	0.033 6
	90	0.017 0	0.018 9	0.022 7	0.026 5	0.030 2	0.034 0	0.037 8
	100	0.018 9	0.021 0	0.025 2	0.029 4	0.033 6	0.037 8	0.042 0
	110	0.020 8	0.023 1	0.027 7	0.032 3	0.037 0	0.041 6	0.046 2
	120	0.022 7	0.025 2	0.030 2	0.035 3	0.040 3	0.045 4	0.050 4
	130	0.024 6	0.027 3	0.032 8	0.038 2	0.043 7	0.049 1	0.054 6
	140	0.026 5	0.029 4	0.035 3	0.041 2	0.047 0	0.052 9	0.058 8
	150	0.028 4	0.031 5	0.037 8	0.044 1	0.050 4	0.056 7	0.063 0

表 1 普 通 锯 材 材 积 表

材长/m	材宽/mm	材厚/mm → 12	15	18	21	25	30	35	40
	160	0.008 1	0.010 1	0.012 1	0.014 1	0.016 8	0.020 2	0.023 5	0.026 9
	170	0.008 6	0.010 7	0.012 9	0.015 0	0.017 9	0.021 4	0.025 0	0.028 6
	180	0.009 1	0.011 3	0.013 6	0.015 9	0.018 9	0.022 7	0.026 5	0.030 2
	190	0.009 6	0.012 0	0.014 4	0.016 8	0.020 0	0.023 9	0.027 9	0.031 9
	200	0.010 1	0.012 6	0.015 1	0.017 6	0.021 0	0.025 2	0.029 4	0.033 6
	210	0.010 6	0.013 2	0.015 9	0.018 5	0.022 1	0.026 5	0.030 9	0.035 3
	220	0.011 1	0.013 9	0.016 6	0.019 4	0.023 1	0.027 7	0.032 3	0.037 0
4.2	230	0.011 6	0.014 5	0.017 4	0.020 3	0.024 2	0.029 0	0.033 8	0.038 6
	240	0.012 1	0.015 1	0.018 1	0.021 2	0.025 2	0.030 2	0.035 3	0.040 3
	250	0.012 6	0.015 8	0.018 9	0.022 1	0.026 3	0.031 5	0.036 8	0.042 0
	260	0.013 1	0.016 4	0.019 7	0.022 9	0.027 3	0.032 8	0.038 2	0.043 7
	270	0.013 6	0.017 0	0.020 4	0.023 8	0.028 4	0.034 0	0.039 7	0.045 4
	280	0.014 1	0.017 6	0.021 2	0.024 7	0.029 4	0.035 3	0.041 2	0.047 0
	290	0.014 6	0.018 3	0.021 9	0.025 6	0.030 5	0.036 5	0.042 6	0.048 7
	300	0.015 1	0.018 9	0.022 7	0.026 5	0.031 5	0.037 8	0.044 1	0.050 4

表 1 普 通 锯 材 材 积 表

材长/m	材积/m³ 材厚/mm 材宽/mm	45	50	60	70	80	90	100
4.2	160	0.030 2	0.033 6	0.040 3	0.047 0	0.053 8	0.060 5	0.067 2
	170	0.032 1	0.035 7	0.042 8	0.050 0	0.057 1	0.064 3	0.071 4
	180	0.034 0	0.037 8	0.045 4	0.052 9	0.060 5	0.068 0	0.075 6
	190	0.035 9	0.039 9	0.047 9	0.055 9	0.063 8	0.071 8	0.079 8
	200	0.037 8	0.042 0	0.050 4	0.058 8	0.067 2	0.075 6	0.084 0
	210	0.039 7	0.044 1	0.052 9	0.061 7	0.070 6	0.079 4	0.088 2
	220	0.041 6	0.046 2	0.055 4	0.064 7	0.073 9	0.083 2	0.092 4
	230	0.043 5	0.048 3	0.058 0	0.067 6	0.077 3	0.086 9	0.096 6
	240	0.045 4	0.050 4	0.060 5	0.070 6	0.080 6	0.090 7	0.100 8
	250	0.047 3	0.052 5	0.063 0	0.073 5	0.084 0	0.094 5	0.105 0
	260	0.049 1	0.054 6	0.065 5	0.076 4	0.087 4	0.098 3	0.109 2
	270	0.051 0	0.056 7	0.068 0	0.079 4	0.090 7	0.102 1	0.113 4
	280	0.052 9	0.058 8	0.070 6	0.082 3	0.094 1	0.105 8	0.117 6
	290	0.054 8	0.060 9	0.073 1	0.085 3	0.097 4	0.109 6	0.121 8
	300	0.056 7	0.063 0	0.075 6	0.088 2	0.100 8	0.113 4	0.126 0

表 1 普通锯材材积表 续表

材长 /m	材积 /m³ 材宽 /mm 材厚 /mm	12	15	18	21	25	30	35	40
4.4	30	0.001 6	0.002 0	0.002 4	0.002 8	0.003 3	0.004 0	0.004 6	0.005 3
	40	0.002 1	0.002 6	0.003 2	0.003 7	0.004 4	0.005 3	0.006 2	0.007 0
	50	0.002 6	0.003 3	0.004 0	0.004 6	0.005 5	0.006 6	0.007 7	0.008 8
	60	0.003 2	0.004 0	0.004 8	0.005 5	0.006 6	0.007 9	0.009 2	0.010 6
	70	0.003 7	0.004 6	0.005 5	0.006 5	0.007 7	0.009 2	0.010 8	0.012 3
	80	0.004 2	0.005 3	0.006 3	0.007 4	0.008 8	0.010 6	0.012 3	0.014 1
	90	0.004 8	0.005 9	0.007 1	0.008 3	0.009 9	0.011 9	0.013 9	0.015 8
	100	0.005 3	0.006 6	0.007 9	0.009 2	0.011 0	0.013 2	0.015 4	0.017 6
	110	0.005 8	0.007 3	0.008 7	0.010 2	0.012 1	0.014 5	0.016 9	0.019 4
	120	0.006 3	0.007 9	0.009 5	0.011 1	0.013 2	0.015 8	0.018 5	0.021 1
	130	0.006 9	0.008 6	0.010 3	0.012 0	0.014 3	0.017 2	0.020 0	0.022 9
	140	0.007 4	0.009 2	0.011 1	0.012 9	0.015 4	0.018 5	0.021 6	0.024 6
	150	0.007 9	0.009 9	0.011 9	0.013 9	0.016 5	0.019 8	0.023 1	0.026 4

表 1 普 通 锯 材 材 积 表

材长/m	材宽/mm ＼材积/m³＼材厚/mm	45	50	60	70	80	90	100
4.4	30	0.005 9	0.006 6	0.007 9	0.009 2	0.010 6	0.011 9	0.013 2
	40	0.007 9	0.008 8	0.010 6	0.012 3	0.014 1	0.015 8	0.017 6
	50	0.009 9	0.011 0	0.013 2	0.015 4	0.017 6	0.019 8	0.022 0
	60	0.011 9	0.013 2	0.015 8	0.018 5	0.021 1	0.023 8	0.026 4
	70	0.013 9	0.015 4	0.018 5	0.021 6	0.024 6	0.027 7	0.030 8
	80	0.015 8	0.017 6	0.021 1	0.024 6	0.028 2	0.031 7	0.035 2
	90	0.017 8	0.019 8	0.023 8	0.027 7	0.031 7	0.035 6	0.039 6
	100	0.019 8	0.022 0	0.026 4	0.030 8	0.035 2	0.039 6	0.044 0
	110	0.021 8	0.024 2	0.029 0	0.033 9	0.038 7	0.043 6	0.048 4
	120	0.023 8	0.026 4	0.031 7	0.037 0	0.042 2	0.047 5	0.052 8
	130	0.025 7	0.028 6	0.034 3	0.040 0	0.045 8	0.051 5	0.057 2
	140	0.027 7	0.030 8	0.037 0	0.043 1	0.049 3	0.055 4	0.061 6
	150	0.029 7	0.033 0	0.039 6	0.046 2	0.052 8	0.059 4	0.066 0

表 1　普 通 锯 材 材 积 表　　　　　续表

材长/m	材积/m³　材厚/mm　材宽/mm	12	15	18	21	25	30	35	40
	160	0.008 4	0.010 6	0.012 7	0.014 8	0.017 6	0.021 1	0.024 6	0.028 2
	170	0.009 0	0.011 2	0.013 5	0.015 7	0.018 7	0.022 4	0.026 2	0.029 9
	180	0.009 5	0.011 9	0.014 3	0.016 6	0.019 8	0.023 8	0.027 7	0.031 7
	190	0.010 0	0.012 5	0.015 0	0.017 6	0.020 9	0.025 1	0.029 3	0.033 4
	200	0.010 6	0.013 2	0.015 8	0.018 5	0.022 0	0.026 4	0.030 8	0.035 2
	210	0.011 1	0.013 9	0.016 6	0.019 4	0.023 1	0.027 7	0.032 3	0.037 0
	220	0.011 6	0.014 5	0.017 4	0.020 3	0.024 2	0.029 0	0.033 9	0.038 7
4.4	230	0.012 1	0.015 2	0.018 2	0.021 3	0.025 3	0.030 4	0.035 4	0.040 5
	240	0.012 7	0.015 8	0.019 0	0.022 2	0.026 4	0.031 7	0.037 0	0.042 2
	250	0.013 2	0.016 5	0.019 8	0.023 1	0.027 5	0.033 0	0.038 5	0.044 0
	260	0.013 7	0.017 2	0.020 6	0.024 0	0.028 6	0.034 3	0.040 0	0.045 8
	270	0.014 3	0.017 8	0.021 4	0.024 9	0.029 7	0.035 6	0.041 6	0.047 5
	280	0.014 8	0.018 5	0.022 2	0.025 9	0.030 8	0.037 0	0.043 1	0.049 3
	290	0.015 3	0.019 1	0.023 0	0.026 8	0.031 9	0.038 3	0.044 7	0.051 0
	300	0.015 8	0.019 8	0.023 8	0.027 7	0.033 0	0.039 6	0.046 2	0.052 8

表1 普通锯材材积表 续表

材长/m	材积/m³ 材厚/mm 材宽/mm	45	50	60	70	80	90	100
	160	0.031 7	0.035 2	0.042 2	0.049 3	0.056 3	0.063 4	0.070 4
	170	0.033 7	0.037 4	0.044 9	0.052 4	0.059 8	0.067 3	0.074 8
	180	0.035 6	0.039 6	0.047 5	0.055 4	0.063 4	0.071 3	0.079 2
	190	0.037 6	0.041 8	0.050 2	0.058 5	0.066 9	0.075 2	0.083 6
	200	0.039 6	0.044 0	0.052 8	0.061 6	0.070 4	0.079 2	0.088 0
	210	0.041 6	0.046 2	0.055 4	0.064 7	0.073 9	0.083 2	0.092 4
	220	0.043 6	0.048 4	0.058 1	0.067 8	0.077 4	0.087 1	0.096 8
4.4	230	0.045 5	0.050 6	0.060 7	0.070 8	0.081 0	0.091 1	0.101 2
	240	0.047 5	0.052 8	0.063 4	0.073 9	0.084 5	0.095 0	0.105 6
	250	0.049 5	0.055 0	0.066 0	0.077 0	0.088 0	0.099 0	0.110 0
	260	0.051 5	0.057 2	0.068 6	0.080 1	0.091 5	0.103 0	0.114 4
	270	0.053 5	0.059 4	0.071 3	0.083 2	0.095 0	0.106 9	0.118 8
	280	0.055 4	0.061 6	0.073 9	0.086 2	0.098 6	0.110 9	0.123 2
	290	0.057 4	0.063 8	0.076 6	0.089 3	0.102 1	0.114 8	0.127 6
	300	0.059 4	0.066 0	0.079 2	0.092 4	0.105 6	0.118 8	0.132 0

表 1　普 通 锯 材 材 积 表　　　续表

材长/m	材宽/mm \ 材积/m³ \ 材厚/mm	12	15	18	21	25	30	35	40
	30	0.001 7	0.002 1	0.002 5	0.002 9	0.003 5	0.004 1	0.004 8	0.005 5
	40	0.002 2	0.002 8	0.003 3	0.003 9	0.004 6	0.005 5	0.006 4	0.007 4
	50	0.002 8	0.003 5	0.004 1	0.004 8	0.005 8	0.006 9	0.008 1	0.009 2
	60	0.003 3	0.004 1	0.005 0	0.005 8	0.006 9	0.008 3	0.009 7	0.011 0
	70	0.003 9	0.004 8	0.005 8	0.006 8	0.008 1	0.009 7	0.011 3	0.012 9
4.6	80	0.004 4	0.005 5	0.006 6	0.007 7	0.009 2	0.011 0	0.012 9	0.014 7
	90	0.005 0	0.006 2	0.007 5	0.008 7	0.010 4	0.012 4	0.014 5	0.016 6
	100	0.005 5	0.006 9	0.008 3	0.009 7	0.011 5	0.013 8	0.016 1	0.018 4
	110	0.006 1	0.007 6	0.009 1	0.010 6	0.012 7	0.015 2	0.017 7	0.020 2
	120	0.006 6	0.008 3	0.009 9	0.011 6	0.013 8	0.016 6	0.019 3	0.022 1
	130	0.007 2	0.009 0	0.010 8	0.012 6	0.015 0	0.017 9	0.020 9	0.023 9
	140	0.007 7	0.009 7	0.011 6	0.013 5	0.016 1	0.019 3	0.022 5	0.025 8
	150	0.008 3	0.010 4	0.012 4	0.014 5	0.017 3	0.020 7	0.024 2	0.027 6

表 1　普 通 锯 材 材 积 表　　　　续表

材长/m	材积/m³　材厚/mm 材宽/mm	45	50	60	70	80	90	100
4.6	30	0.006 2	0.006 9	0.008 3	0.009 7	0.011 0	0.012 4	0.013 8
	40	0.008 3	0.009 2	0.011 0	0.012 9	0.014 7	0.016 6	0.018 4
	50	0.010 4	0.011 5	0.013 8	0.016 1	0.018 4	0.020 7	0.023 0
	60	0.012 4	0.013 8	0.016 6	0.019 3	0.022 1	0.024 8	0.027 6
	70	0.014 5	0.016 1	0.019 3	0.022 5	0.025 8	0.029 0	0.032 2
	80	0.016 6	0.018 4	0.022 1	0.025 8	0.029 4	0.033 1	0.036 8
	90	0.018 6	0.020 7	0.024 8	0.029 0	0.033 1	0.037 3	0.041 4
	100	0.020 7	0.023 0	0.027 6	0.032 2	0.036 8	0.041 4	0.046 0
	110	0.022 8	0.025 3	0.030 4	0.035 4	0.040 5	0.045 5	0.050 6
	120	0.024 8	0.027 6	0.033 1	0.038 6	0.044 2	0.049 7	0.055 2
	130	0.026 9	0.029 9	0.035 9	0.041 9	0.047 8	0.053 8	0.059 8
	140	0.029 0	0.032 2	0.038 6	0.045 1	0.051 5	0.058 0	0.064 4
	150	0.031 1	0.034 5	0.041 4	0.048 3	0.055 2	0.062 1	0.069 0

表1 普通锯材材积表

材长/m	材宽/mm ╲ 材积/m³ ╲ 材厚/mm	12	15	18	21	25	30	35	40
4.6	160	0.008 8	0.011 0	0.013 2	0.015 5	0.018 4	0.022 1	0.025 8	0.029 4
	170	0.009 4	0.011 7	0.014 1	0.016 4	0.019 6	0.023 5	0.027 4	0.031 3
	180	0.009 9	0.012 4	0.014 9	0.017 4	0.020 7	0.024 8	0.029 0	0.033 1
	190	0.010 5	0.013 1	0.015 7	0.018 4	0.021 9	0.026 2	0.030 6	0.035 0
	200	0.011 0	0.013 8	0.016 6	0.019 3	0.023 0	0.027 6	0.032 2	0.036 8
	210	0.011 6	0.014 5	0.017 4	0.020 3	0.024 2	0.029 0	0.033 8	0.038 6
	220	0.012 1	0.015 2	0.018 2	0.021 3	0.025 3	0.030 4	0.035 4	0.040 5
	230	0.012 7	0.015 9	0.019 0	0.022 2	0.026 5	0.031 7	0.037 0	0.042 3
	240	0.013 2	0.016 6	0.019 9	0.023 2	0.027 6	0.033 1	0.038 6	0.044 2
	250	0.013 8	0.017 3	0.020 7	0.024 2	0.028 8	0.034 5	0.040 3	0.046 0
	260	0.014 4	0.017 9	0.021 5	0.025 1	0.029 9	0.035 9	0.041 9	0.047 8
	270	0.014 9	0.018 6	0.022 4	0.026 1	0.031 1	0.037 3	0.043 5	0.049 7
	280	0.015 5	0.019 3	0.023 2	0.027 0	0.032 2	0.038 6	0.045 1	0.051 5
	290	0.016 0	0.020 0	0.024 0	0.028 0	0.033 4	0.040 0	0.046 7	0.053 4
	300	0.016 6	0.020 7	0.024 8	0.029 0	0.034 5	0.041 4	0.048 3	0.055 2

表 1 普通锯材材积表 续表

材长 / m	材积 /m³ 材厚 mm 材宽 /mm	45	50	60	70	80	90	100
	160	0.033 1	0.036 8	0.044 2	0.051 5	0.058 9	0.066 2	0.073 6
	170	0.035 2	0.039 1	0.046 9	0.054 7	0.062 6	0.070 4	0.078 2
	180	0.037 3	0.041 4	0.049 7	0.058 0	0.066 2	0.074 5	0.082 8
	190	0.039 3	0.043 7	0.052 4	0.061 2	0.069 9	0.078 7	0.087 4
	200	0.041 4	0.046 0	0.055 2	0.064 4	0.073 6	0.082 8	0.092 0
	210	0.043 5	0.048 3	0.058 0	0.067 6	0.077 3	0.086 9	0.096 6
	220	0.045 5	0.050 6	0.060 7	0.070 8	0.081 0	0.091 1	0.101 2
4.6	230	0.047 6	0.052 9	0.063 5	0.074 1	0.084 6	0.095 2	0.105 8
	240	0.049 7	0.055 2	0.066 2	0.077 3	0.088 3	0.099 4	0.110 4
	250	0.051 8	0.057 5	0.069 0	0.080 5	0.092 0	0.103 5	0.115 0
	260	0.053 8	0.059 8	0.071 8	0.083 7	0.095 7	0.107 6	0.119 6
	270	0.055 9	0.062 1	0.074 5	0.086 9	0.099 4	0.111 8	0.124 2
	280	0.058 0	0.064 4	0.077 3	0.090 2	0.103 0	0.115 9	0.128 8
	290	0.060 0	0.066 7	0.080 0	0.093 4	0.106 7	0.120 1	0.133 4
	300	0.062 1	0.069 0	0.082 8	0.096 6	0.110 4	0.124 2	0.138 0

表 1 普 通 锯 材 材 积 表　　续表

材长/m	材积/m³　材厚/mm　材宽/mm	12	15	18	21	25	30	35	40
4.8	30	0.001 7	0.002 2	0.002 6	0.003 0	0.003 6	0.004 3	0.005 0	0.005 8
	40	0.002 3	0.002 9	0.003 5	0.004 0	0.004 8	0.005 8	0.006 7	0.007 7
	50	0.002 9	0.003 6	0.004 3	0.005 0	0.006 0	0.007 2	0.008 4	0.009 6
	60	0.003 5	0.004 3	0.005 2	0.006 0	0.007 2	0.008 6	0.010 1	0.011 5
	70	0.004 0	0.005 0	0.006 0	0.007 1	0.008 4	0.010 1	0.011 8	0.013 4
	80	0.004 6	0.005 8	0.006 9	0.008 1	0.009 6	0.011 5	0.013 4	0.015 4
	90	0.005 2	0.006 5	0.007 8	0.009 1	0.010 8	0.013 0	0.015 1	0.017 3
	100	0.005 8	0.007 2	0.008 6	0.010 1	0.012 0	0.014 4	0.016 8	0.019 2
	110	0.006 3	0.007 9	0.009 5	0.011 1	0.013 2	0.015 8	0.018 5	0.021 1
	120	0.006 9	0.008 6	0.010 4	0.012 1	0.014 4	0.017 3	0.020 2	0.023 0
	130	0.007 5	0.009 4	0.011 2	0.013 1	0.015 6	0.018 7	0.021 8	0.025 0
	140	0.008 1	0.010 1	0.012 1	0.014 1	0.016 8	0.020 2	0.023 5	0.026 9
	150	0.008 6	0.010 8	0.013 0	0.015 1	0.018 0	0.021 6	0.025 2	0.028 8

表 1　普 通 锯 材 材 积 表　　　　续表

材长/m	材宽/mm　材积/m³　材厚/mm	45	50	60	70	80	90	100
4.8	30	0.006 5	0.007 2	0.008 6	0.010 1	0.011 5	0.013 0	0.014 4
	40	0.008 6	0.009 6	0.011 5	0.013 4	0.015 4	0.017 3	0.019 2
	50	0.010 8	0.012 0	0.014 4	0.016 8	0.019 2	0.021 6	0.024 0
	60	0.013 0	0.014 4	0.017 3	0.020 2	0.023 0	0.025 9	0.028 8
	70	0.015 1	0.016 8	0.020 2	0.023 5	0.026 9	0.030 2	0.033 6
	80	0.017 3	0.019 2	0.023 0	0.026 9	0.030 7	0.034 6	0.038 4
	90	0.019 4	0.021 6	0.025 9	0.030 2	0.034 6	0.038 9	0.043 2
	100	0.021 6	0.024 0	0.028 8	0.033 6	0.038 4	0.043 2	0.048 0
	110	0.023 8	0.026 4	0.031 7	0.037 0	0.042 2	0.047 5	0.052 8
	120	0.025 9	0.028 8	0.034 6	0.040 3	0.046 1	0.051 8	0.057 6
	130	0.028 1	0.031 2	0.037 4	0.043 7	0.049 9	0.056 2	0.062 4
	140	0.030 2	0.033 6	0.040 3	0.047 0	0.053 8	0.060 5	0.067 2
	150	0.032 4	0.036 0	0.043 2	0.050 4	0.057 6	0.064 8	0.072 0

表 1　普 通 锯 材 材 积 表　　　　　　　　　续表

材长/m	材厚/mm 材宽/mm 材积/m³	12	15	18	21	25	30	35	40
	160	0.009 2	0.011 5	0.013 8	0.016 1	0.019 2	0.023 0	0.026 9	0.030 7
	170	0.009 8	0.012 2	0.014 7	0.017 1	0.020 4	0.024 5	0.028 6	0.032 6
	180	0.010 4	0.013 0	0.015 6	0.018 1	0.021 6	0.025 9	0.030 2	0.034 6
	190	0.010 9	0.013 7	0.016 4	0.019 2	0.022 8	0.027 4	0.031 9	0.036 5
	200	0.011 5	0.014 4	0.017 3	0.020 2	0.024 0	0.028 8	0.033 6	0.038 4
4.8	210	0.012 1	0.015 1	0.018 1	0.021 2	0.025 2	0.030 2	0.035 3	0.040 3
	220	0.012 7	0.015 8	0.019 0	0.022 2	0.026 4	0.031 7	0.037 0	0.042 2
	230	0.013 2	0.016 6	0.019 9	0.023 2	0.027 6	0.033 1	0.038 6	0.044 2
	240	0.013 8	0.017 3	0.020 7	0.024 2	0.028 8	0.034 6	0.040 3	0.046 1
	250	0.014 4	0.018 0	0.021 6	0.025 2	0.030 0	0.036 0	0.042 0	0.048 0
	260	0.015 0	0.018 7	0.022 5	0.026 2	0.031 2	0.037 4	0.043 7	0.049 9
	270	0.015 6	0.019 4	0.023 3	0.027 2	0.032 4	0.038 9	0.045 4	0.051 8
	280	0.016 1	0.020 2	0.024 2	0.028 2	0.033 6	0.040 3	0.047 0	0.053 8
	290	0.016 7	0.020 9	0.025 1	0.029 2	0.034 8	0.041 8	0.048 7	0.055 7
	300	0.017 3	0.021 6	0.025 9	0.030 2	0.036 0	0.043 2	0.050 4	0.057 6

表 1　普通锯材材积表　　　　　续表

材长/m	材积/m³ 材宽/mm ╲ 材厚/mm	45	50	60	70	80	90	100
	160	0.034 6	0.038 4	0.046 1	0.053 8	0.061 4	0.069 1	0.076 8
	170	0.036 7	0.040 8	0.049 0	0.057 1	0.065 3	0.073 4	0.081 6
	180	0.038 9	0.043 2	0.051 8	0.060 5	0.069 1	0.077 8	0.086 4
	190	0.041 0	0.045 6	0.054 7	0.063 8	0.073 0	0.082 1	0.091 2
	200	0.043 2	0.048 0	0.057 6	0.067 2	0.076 8	0.086 4	0.096 0
	210	0.045 4	0.050 4	0.060 5	0.070 6	0.080 6	0.090 7	0.100 8
	220	0.047 5	0.052 8	0.063 4	0.073 9	0.084 5	0.095 0	0.105 6
	230	0.049 7	0.055 2	0.066 2	0.077 3	0.088 3	0.099 4	0.110 4
4.8	240	0.051 8	0.057 6	0.069 1	0.080 6	0.092 2	0.103 7	0.115 2
	250	0.054 0	0.060 0	0.072 0	0.084 0	0.096 0	0.108 0	0.120 0
	260	0.056 2	0.062 4	0.074 9	0.087 4	0.099 8	0.112 3	0.124 8
	270	0.058 3	0.064 8	0.077 8	0.090 7	0.103 7	0.116 6	0.129 6
	280	0.060 5	0.067 2	0.080 6	0.094 1	0.107 5	0.121 0	0.134 4
	290	0.062 6	0.069 6	0.083 5	0.097 4	0.111 4	0.125 3	0.139 2
	300	0.064 8	0.072 0	0.086 4	0.100 8	0.115 2	0.129 6	0.144 0

表 1 普通锯材材积表 续表

材长/m	材宽/mm	材厚/mm 12	15	18	21	25	30	35	40
	30	0.001 8	0.002 3	0.002 7	0.003 2	0.003 8	0.004 5	0.005 3	0.006 0
	40	0.002 4	0.003 0	0.003 6	0.004 2	0.005 0	0.006 0	0.007 0	0.008 0
	50	0.003 0	0.003 8	0.004 5	0.005 3	0.006 3	0.007 5	0.008 8	0.010 0
	60	0.003 6	0.004 5	0.005 4	0.006 3	0.007 5	0.009 0	0.010 5	0.012 0
	70	0.004 2	0.005 3	0.006 3	0.007 4	0.008 8	0.010 5	0.012 3	0.014 0
5.0	80	0.004 8	0.006 0	0.007 2	0.008 4	0.010 0	0.012 0	0.014 0	0.016 0
	90	0.005 4	0.006 8	0.008 1	0.009 5	0.011 3	0.013 5	0.015 8	0.018 0
	100	0.006 0	0.007 5	0.009 0	0.010 5	0.012 5	0.015 0	0.017 5	0.020 0
	110	0.006 6	0.008 3	0.009 9	0.011 6	0.013 8	0.016 5	0.019 3	0.022 0
	120	0.007 2	0.009 0	0.010 8	0.012 6	0.015 0	0.018 0	0.021 0	0.024 0
	130	0.007 8	0.009 8	0.011 7	0.013 7	0.016 3	0.019 5	0.022 8	0.026 0
	140	0.008 4	0.010 5	0.012 6	0.014 7	0.017 5	0.021 0	0.024 5	0.028 0
	150	0.009 0	0.011 3	0.013 5	0.015 8	0.018 8	0.022 5	0.026 3	0.030 0

表 1 普通锯材材积表   续表

材长/m	材宽/mm	材厚/mm 45	50	60	70	80	90	100
	30	0.006 8	0.007 5	0.009 0	0.010 5	0.012 0	0.013 5	0.015 0
	40	0.009 0	0.010 0	0.012 0	0.014 0	0.016 0	0.018 0	0.020 0
	50	0.011 3	0.012 5	0.015 0	0.017 5	0.020 0	0.022 5	0.025 0
	60	0.013 5	0.015 0	0.018 0	0.021 0	0.024 0	0.027 0	0.030 0
	70	0.015 8	0.017 5	0.021 0	0.024 5	0.028 0	0.031 5	0.035 0
5.0	80	0.018 0	0.020 0	0.024 0	0.028 0	0.032 0	0.036 0	0.040 0
	90	0.020 3	0.022 5	0.027 0	0.031 5	0.036 0	0.040 5	0.045 0
	100	0.022 5	0.025 0	0.030 0	0.035 0	0.040 0	0.045 0	0.050 0
	110	0.024 8	0.027 5	0.033 0	0.038 5	0.044 0	0.049 5	0.055 0
	120	0.027 0	0.030 0	0.036 0	0.042 0	0.048 0	0.054 0	0.060 0
	130	0.029 3	0.032 5	0.039 0	0.045 5	0.052 0	0.058 5	0.065 0
	140	0.031 5	0.035 0	0.042 0	0.049 0	0.056 0	0.063 0	0.070 0
	150	0.033 8	0.037 5	0.045 0	0.052 5	0.060 0	0.067 5	0.075 0

表 1　普 通 锯 材 材 积 表　　　　　　续表

材长/m	材宽/mm \\ 材积/m³ \\ 材厚/mm	12	15	18	21	25	30	35	40
5.0	160	0.009 6	0.012 0	0.014 4	0.016 8	0.020 0	0.024 0	0.028 0	0.032 0
	170	0.010 2	0.012 8	0.015 3	0.017 9	0.021 3	0.025 5	0.029 8	0.034 0
	180	0.010 8	0.013 5	0.016 2	0.018 9	0.022 5	0.027 0	0.031 5	0.036 0
	190	0.011 4	0.014 3	0.017 1	0.020 0	0.023 8	0.028 5	0.033 3	0.038 0
	200	0.012 0	0.015 0	0.018 0	0.021 0	0.025 0	0.030 0	0.035 0	0.040 0
	210	0.012 6	0.015 8	0.018 9	0.022 1	0.026 3	0.031 5	0.036 8	0.042 0
	220	0.013 2	0.016 5	0.019 8	0.023 1	0.027 5	0.033 0	0.038 5	0.044 0
	230	0.013 8	0.017 3	0.020 7	0.024 2	0.028 8	0.034 5	0.040 3	0.046 0
	240	0.014 4	0.018 0	0.021 6	0.025 2	0.030 0	0.036 0	0.042 0	0.048 0
	250	0.015 0	0.018 8	0.022 5	0.026 3	0.031 3	0.037 5	0.043 8	0.050 0
	260	0.015 6	0.019 5	0.023 4	0.027 3	0.032 5	0.039 0	0.045 5	0.052 0
	270	0.016 2	0.020 3	0.024 3	0.028 4	0.033 8	0.040 5	0.047 3	0.054 0
	280	0.016 8	0.021 0	0.025 2	0.029 4	0.035 0	0.042 0	0.049 0	0.056 0
	290	0.017 4	0.021 8	0.026 1	0.030 5	0.036 3	0.043 5	0.050 8	0.058 0
	300	0.018 0	0.022 5	0.027 0	0.031 5	0.037 5	0.045 0	0.052 5	0.060 0

表 1　普 通 锯 材 材 积 表　　续表

材长/m	材宽/mm ＼ 材厚/mm （材积/m³）	45	50	60	70	80	90	100
5.0	160	0.036 0	0.040 0	0.048 0	0.056 0	0.064 0	0.072 0	0.080 0
	170	0.038 3	0.042 5	0.051 0	0.059 5	0.068 0	0.076 5	0.085 0
	180	0.040 5	0.045 0	0.054 0	0.063 0	0.072 0	0.081 0	0.090 0
	190	0.042 8	0.047 5	0.057 0	0.066 5	0.076 0	0.085 5	0.095 0
	200	0.045 0	0.050 0	0.060 0	0.070 0	0.080 0	0.090 0	0.100 0
	210	0.047 3	0.052 5	0.063 0	0.073 5	0.084 0	0.094 5	0.105 0
	220	0.049 5	0.055 0	0.066 0	0.077 0	0.088 0	0.099 0	0.110 0
	230	0.051 8	0.057 5	0.069 0	0.080 5	0.092 0	0.103 5	0.115 0
	240	0.054 0	0.060 0	0.072 0	0.084 0	0.096 0	0.108 0	0.120 0
	250	0.056 3	0.062 5	0.075 0	0.087 5	0.100 0	0.112 5	0.125 0
	260	0.058 5	0.065 0	0.078 0	0.091 0	0.104 0	0.117 0	0.130 0
	270	0.060 8	0.067 5	0.081 0	0.094 5	0.108 0	0.121 5	0.135 0
	280	0.063 0	0.070 0	0.084 0	0.098 0	0.112 0	0.126 0	0.140 0
	290	0.065 3	0.072 5	0.087 0	0.101 5	0.116 0	0.130 5	0.145 0
	300	0.067 5	0.075 0	0.090 0	0.105 0	0.120 0	0.135 0	0.150 0

表 1　普 通 锯 材 材 积 表　　　　　续表

材长 /m	材积 /m³, 材厚 /mm, 材宽 /mm	12	15	18	21	25	30	35	40
5.2	30	0.001 9	0.002 3	0.002 8	0.003 3	0.003 9	0.004 7	0.005 5	0.006 2
	40	0.002 5	0.003 1	0.003 7	0.004 4	0.005 2	0.006 2	0.007 3	0.008 3
	50	0.003 1	0.003 9	0.004 7	0.005 5	0.006 5	0.007 8	0.009 1	0.010 4
	60	0.003 7	0.004 7	0.005 6	0.006 6	0.007 8	0.009 4	0.010 9	0.012 5
	70	0.004 4	0.005 5	0.006 6	0.007 6	0.009 1	0.010 9	0.012 7	0.014 6
	80	0.005 0	0.006 2	0.007 5	0.008 7	0.010 4	0.012 5	0.014 6	0.016 6
	90	0.005 6	0.007 0	0.008 4	0.009 8	0.011 7	0.014 0	0.016 4	0.018 7
	100	0.006 2	0.007 8	0.009 4	0.010 9	0.013 0	0.015 6	0.018 2	0.020 8
	110	0.006 9	0.008 6	0.010 3	0.012 0	0.014 3	0.017 2	0.020 0	0.022 9
	120	0.007 5	0.009 4	0.011 2	0.013 1	0.015 6	0.018 7	0.021 8	0.025 0
	130	0.008 1	0.010 1	0.012 2	0.014 2	0.016 9	0.020 3	0.023 7	0.027 0
	140	0.008 7	0.010 9	0.013 1	0.015 3	0.018 2	0.021 8	0.025 5	0.029 1
	150	0.009 4	0.011 7	0.014 0	0.016 4	0.019 5	0.023 4	0.027 3	0.031 2

表 1 普通锯材材积表　　　续表

材长/m　材积/m³　材厚/mm　材宽/mm	45	50	60	70	80	90	100
30	0.007 0	0.007 8	0.009 4	0.010 9	0.012 5	0.014 0	0.015 6
40	0.009 4	0.010 4	0.012 5	0.014 6	0.016 6	0.018 7	0.020 8
50	0.011 7	0.013 0	0.015 6	0.018 2	0.020 8	0.023 4	0.026 0
60	0.014 0	0.015 6	0.018 7	0.021 8	0.025 0	0.028 1	0.031 2
70	0.016 4	0.018 2	0.021 8	0.025 5	0.029 1	0.032 8	0.036 4
80	0.018 7	0.020 8	0.025 0	0.029 1	0.033 3	0.037 4	0.041 6
90	0.021 1	0.023 4	0.028 1	0.032 8	0.037 4	0.042 1	0.046 8
100	0.023 4	0.026 0	0.031 2	0.036 4	0.041 6	0.046 8	0.052 0
110	0.025 7	0.028 6	0.034 3	0.040 0	0.045 8	0.051 5	0.057 2
120	0.028 1	0.031 2	0.037 4	0.043 7	0.049 9	0.056 2	0.062 4
130	0.030 4	0.033 8	0.040 6	0.047 3	0.054 1	0.060 8	0.067 6
140	0.032 8	0.036 4	0.043 7	0.051 0	0.058 2	0.065 5	0.072 8
150	0.035 1	0.039 0	0.046 8	0.054 6	0.062 4	0.070 2	0.078 0

（材长/m 栏：5.2）

表 1　普 通 锯 材 材 积 表　　　　　续表

材长/m	材宽/mm	材积/m³　材厚/mm 12	15	18	21	25	30	35	40
5.2	160	0.010 0	0.012 5	0.015 0	0.017 5	0.020 8	0.025 0	0.029 1	0.033 3
	170	0.010 6	0.013 3	0.015 9	0.018 6	0.022 1	0.026 5	0.030 9	0.035 4
	180	0.011 2	0.014 0	0.016 8	0.019 7	0.023 4	0.028 1	0.032 8	0.037 4
	190	0.011 9	0.014 8	0.017 8	0.020 7	0.024 7	0.029 6	0.034 6	0.039 5
	200	0.012 5	0.015 6	0.018 7	0.021 8	0.026 0	0.031 2	0.036 4	0.041 6
	210	0.013 1	0.016 4	0.019 7	0.022 9	0.027 3	0.032 8	0.038 2	0.043 7
	220	0.013 7	0.017 2	0.020 6	0.024 0	0.028 6	0.034 3	0.040 0	0.045 8
	230	0.014 4	0.017 9	0.021 5	0.025 1	0.029 9	0.035 9	0.041 9	0.047 8
	240	0.015 0	0.018 7	0.022 5	0.026 2	0.031 2	0.037 4	0.043 7	0.049 9
	250	0.015 6	0.019 5	0.023 4	0.027 3	0.032 5	0.039 0	0.045 5	0.052 0
	260	0.016 2	0.020 3	0.024 3	0.028 4	0.033 8	0.040 6	0.047 3	0.054 1
	270	0.016 8	0.021 1	0.025 3	0.029 5	0.035 1	0.042 1	0.049 1	0.056 2
	280	0.017 5	0.021 8	0.026 2	0.030 6	0.036 4	0.043 7	0.051 0	0.058 2
	290	0.018 1	0.022 6	0.027 1	0.031 7	0.037 7	0.045 2	0.052 8	0.060 3
	300	0.018 7	0.023 4	0.028 1	0.032 8	0.039 0	0.046 8	0.054 6	0.062 4

表 1　普 通 锯 材 材 积 表　　　　　续表

材长/m	材积/m³ 材厚/mm 材宽/mm	45	50	60	70	80	90	100
	160	0.037 4	0.041 6	0.049 9	0.058 2	0.066 6	0.074 9	0.083 2
	170	0.039 8	0.044 2	0.053 0	0.061 9	0.070 7	0.079 6	0.088 4
	180	0.042 1	0.046 8	0.056 2	0.065 5	0.074 9	0.084 2	0.093 6
	190	0.044 5	0.049 4	0.059 3	0.069 2	0.079 0	0.088 9	0.098 8
	200	0.046 8	0.052 0	0.062 4	0.072 8	0.083 2	0.093 6	0.104 0
	210	0.049 1	0.054 6	0.065 5	0.076 4	0.087 4	0.098 3	0.109 2
	220	0.051 5	0.057 2	0.068 6	0.080 1	0.091 5	0.103 0	0.114 4
5.2	230	0.053 8	0.059 8	0.071 8	0.083 7	0.095 7	0.107 6	0.119 6
	240	0.056 2	0.062 4	0.074 9	0.087 4	0.099 8	0.112 3	0.124 8
	250	0.058 5	0.065 0	0.078 0	0.091 0	0.104 0	0.117 0	0.130 0
	260	0.060 8	0.067 6	0.081 1	0.094 6	0.108 2	0.121 7	0.135 2
	270	0.063 2	0.070 2	0.084 2	0.098 3	0.112 3	0.126 4	0.140 4
	280	0.065 5	0.072 8	0.087 4	0.101 9	0.116 5	0.131 0	0.145 6
	290	0.067 9	0.075 4	0.090 5	0.105 6	0.120 6	0.135 7	0.150 8
	300	0.070 2	0.078 0	0.093 6	0.109 2	0.124 8	0.140 4	0.156 0

表1 普通锯材材积表

材长/m	材积/m³ 材厚/mm 材宽/mm	12	15	18	21	25	30	35	40
5.4	30	0.001 9	0.002 4	0.002 9	0.003 4	0.004 1	0.004 9	0.005 7	0.006 5
	40	0.002 6	0.003 2	0.003 9	0.004 5	0.005 4	0.006 5	0.007 6	0.008 6
	50	0.003 2	0.004 1	0.004 9	0.005 7	0.006 8	0.008 1	0.009 5	0.010 8
	60	0.003 9	0.004 9	0.005 8	0.006 8	0.008 1	0.009 7	0.011 3	0.013 0
	70	0.004 5	0.005 7	0.006 8	0.007 9	0.009 5	0.011 3	0.013 2	0.015 1
	80	0.005 2	0.006 5	0.007 8	0.009 1	0.010 8	0.013 0	0.015 1	0.017 3
	90	0.005 8	0.007 3	0.008 7	0.010 2	0.012 2	0.014 6	0.017 0	0.019 4
	100	0.006 5	0.008 1	0.009 7	0.011 3	0.013 5	0.016 2	0.018 9	0.021 6
	110	0.007 1	0.008 9	0.010 7	0.012 5	0.014 9	0.017 8	0.020 8	0.023 8
	120	0.007 8	0.009 7	0.011 7	0.013 6	0.016 2	0.019 4	0.022 7	0.025 9
	130	0.008 4	0.010 5	0.012 6	0.014 7	0.017 6	0.021 1	0.024 6	0.028 1
	140	0.009 1	0.011 3	0.013 6	0.015 9	0.018 9	0.022 7	0.026 5	0.030 2
	150	0.009 7	0.012 2	0.014 6	0.017 0	0.020 3	0.024 3	0.028 4	0.032 4

表 1 普通锯材材积表

材长/m	材宽/mm	45	50	60	70	80	90	100
5.4	30	0.007 3	0.008 1	0.009 7	0.011 3	0.013 0	0.014 6	0.016 2
	40	0.009 7	0.010 8	0.013 0	0.015 1	0.017 3	0.019 4	0.021 6
	50	0.012 2	0.013 5	0.016 2	0.018 9	0.021 6	0.024 3	0.027 0
	60	0.014 6	0.016 2	0.019 4	0.022 7	0.025 9	0.029 2	0.032 4
	70	0.017 0	0.018 9	0.022 7	0.026 5	0.030 2	0.034 0	0.037 8
	80	0.019 4	0.021 6	0.025 9	0.030 2	0.034 6	0.038 9	0.043 2
	90	0.021 9	0.024 3	0.029 2	0.034 0	0.038 9	0.043 7	0.048 6
	100	0.024 3	0.027 0	0.032 4	0.037 8	0.043 2	0.048 6	0.054 0
	110	0.026 7	0.029 7	0.035 6	0.041 6	0.047 5	0.053 5	0.059 4
	120	0.029 2	0.032 4	0.038 9	0.045 4	0.051 8	0.058 3	0.064 8
	130	0.031 6	0.035 1	0.042 1	0.049 1	0.056 2	0.063 2	0.070 2
	140	0.034 0	0.037 8	0.045 4	0.052 9	0.060 5	0.068 0	0.075 6
	150	0.036 5	0.040 5	0.048 6	0.056 7	0.064 8	0.072 9	0.081 0

表 1 普通锯材材积表 续表

材长 /m	材厚 /mm 材宽 /mm	12	15	18	21	25	30	35	40
5.4	160	0.010 4	0.013 0	0.015 6	0.018 1	0.021 6	0.025 9	0.030 2	0.034 6
	170	0.011 0	0.013 8	0.016 5	0.019 3	0.023 0	0.027 5	0.032 1	0.036 7
	180	0.011 7	0.014 6	0.017 5	0.020 4	0.024 3	0.029 2	0.034 0	0.038 9
	190	0.012 3	0.015 4	0.018 5	0.021 5	0.025 7	0.030 8	0.035 9	0.041 0
	200	0.013 0	0.016 2	0.019 4	0.022 7	0.027 0	0.032 4	0.037 8	0.043 2
	210	0.013 6	0.017 0	0.020 4	0.023 8	0.028 4	0.034 0	0.039 7	0.045 4
	220	0.014 3	0.017 8	0.021 4	0.024 9	0.029 7	0.035 6	0.041 6	0.047 5
	230	0.014 9	0.018 6	0.022 4	0.026 1	0.031 1	0.037 3	0.043 5	0.049 7
	240	0.015 6	0.019 4	0.023 3	0.027 2	0.032 4	0.038 9	0.045 4	0.051 8
	250	0.016 2	0.020 3	0.024 3	0.028 4	0.033 8	0.040 5	0.047 3	0.054 0
	260	0.016 8	0.021 1	0.025 3	0.029 5	0.035 1	0.042 1	0.049 1	0.056 2
	270	0.017 5	0.021 9	0.026 2	0.030 6	0.036 5	0.043 7	0.051 0	0.058 3
	280	0.018 1	0.022 7	0.027 2	0.031 8	0.037 8	0.045 4	0.052 9	0.060 5
	290	0.018 8	0.023 5	0.028 2	0.032 9	0.039 2	0.047 0	0.054 8	0.062 6
	300	0.019 4	0.024 3	0.029 2	0.034 0	0.040 5	0.048 6	0.056 7	0.064 8

表 1　普 通 锯 材 材 积 表　　　　续表

材长/m	材宽/mm \ 材厚/mm （材积/m³）	45	50	60	70	80	90	100
	160	0.038 9	0.043 2	0.051 8	0.060 5	0.069 1	0.077 8	0.086 4
	170	0.041 3	0.045 9	0.055 1	0.064 3	0.073 4	0.082 6	0.091 8
	180	0.043 7	0.048 6	0.058 3	0.068 0	0.077 8	0.087 5	0.097 2
	190	0.046 2	0.051 3	0.061 6	0.071 8	0.082 1	0.092 3	0.102 6
	200	0.048 6	0.054 0	0.064 8	0.075 6	0.086 4	0.097 2	0.108 0
	210	0.051 0	0.056 7	0.068 0	0.079 4	0.090 7	0.102 1	0.113 4
	220	0.053 5	0.059 4	0.071 3	0.083 2	0.095 0	0.106 9	0.118 8
5.4	230	0.055 9	0.062 1	0.074 5	0.086 9	0.099 4	0.111 8	0.124 2
	240	0.058 3	0.064 8	0.077 8	0.090 7	0.103 7	0.116 6	0.129 6
	250	0.060 8	0.067 5	0.081 0	0.094 5	0.108 0	0.121 5	0.135 0
	260	0.063 2	0.070 2	0.084 2	0.098 3	0.112 3	0.126 4	0.140 4
	270	0.065 6	0.072 9	0.087 5	0.102 1	0.116 6	0.131 2	0.145 8
	280	0.068 0	0.075 6	0.090 7	0.105 8	0.121 0	0.136 1	0.151 2
	290	0.070 5	0.078 3	0.094 0	0.109 6	0.125 3	0.140 9	0.156 6
	300	0.072 9	0.081 0	0.097 2	0.113 4	0.129 6	0.145 8	0.162 0

表 1　普 通 锯 材 材 积 表　

材长/m	材宽/mm	材积/m³ 材厚/mm 12	15	18	21	25	30	35	40
5.6	30	0.002 0	0.002 5	0.003 0	0.003 5	0.004 2	0.005 0	0.005 9	0.006 7
	40	0.002 7	0.003 4	0.004 0	0.004 7	0.005 6	0.006 7	0.007 8	0.009 0
	50	0.003 4	0.004 2	0.005 0	0.005 9	0.007 0	0.008 4	0.009 8	0.011 2
	60	0.004 0	0.005 0	0.006 0	0.007 1	0.008 4	0.010 1	0.011 8	0.013 4
	70	0.004 7	0.005 9	0.007 1	0.008 2	0.009 8	0.011 8	0.013 7	0.015 7
	80	0.005 4	0.006 7	0.008 1	0.009 4	0.011 2	0.013 4	0.015 7	0.017 9
	90	0.006 0	0.007 6	0.009 1	0.010 6	0.012 6	0.015 1	0.017 6	0.020 2
	100	0.006 7	0.008 4	0.010 1	0.011 8	0.014 0	0.016 8	0.019 6	0.022 4
	110	0.007 4	0.009 2	0.011 1	0.012 9	0.015 4	0.018 5	0.021 6	0.024 6
	120	0.008 1	0.010 1	0.012 1	0.014 1	0.016 8	0.020 2	0.023 5	0.026 9
	130	0.008 7	0.010 9	0.013 1	0.015 3	0.018 2	0.021 8	0.025 5	0.029 1
	140	0.009 4	0.011 8	0.014 1	0.016 5	0.019 6	0.023 5	0.027 4	0.031 4
	150	0.010 1	0.012 6	0.015 1	0.017 6	0.021 0	0.025 2	0.029 4	0.033 6

表 1 普通锯材材积表

材长 /m	材宽 /mm \ 材厚 /mm \ 材积 /m³	45	50	60	70	80	90	100
5.6	30	0.007 6	0.008 4	0.010 1	0.011 8	0.013 4	0.015 1	0.016 8
	40	0.010 1	0.011 2	0.013 4	0.015 7	0.017 9	0.020 2	0.022 4
	50	0.012 6	0.014 0	0.016 8	0.019 6	0.022 4	0.025 2	0.028 0
	60	0.015 1	0.016 8	0.020 2	0.023 5	0.026 9	0.030 2	0.033 6
	70	0.017 6	0.019 6	0.023 5	0.027 4	0.031 4	0.035 3	0.039 2
	80	0.020 2	0.022 4	0.026 9	0.031 4	0.035 8	0.040 3	0.044 8
	90	0.022 7	0.025 2	0.030 2	0.035 3	0.040 3	0.045 4	0.050 4
	100	0.025 2	0.028 0	0.033 6	0.039 2	0.044 8	0.050 4	0.056 0
	110	0.027 7	0.030 8	0.037 0	0.043 1	0.049 3	0.055 4	0.061 6
	120	0.030 2	0.033 6	0.040 3	0.047 0	0.053 8	0.060 5	0.067 2
	130	0.032 8	0.036 4	0.043 7	0.051 0	0.058 2	0.065 5	0.072 8
	140	0.035 3	0.039 2	0.047 0	0.054 9	0.062 7	0.070 6	0.078 4
	150	0.037 8	0.042 0	0.050 4	0.058 8	0.067 2	0.075 6	0.084 0

表 1 普通锯材材积表   续表

材长 /m	材宽 /mm	材厚 /mm 12	15	18	21	25	30	35	40
	160	0.010 8	0.013 4	0.016 1	0.018 8	0.022 4	0.026 9	0.031 4	0.035 8
	170	0.011 4	0.014 3	0.017 1	0.020 0	0.023 8	0.028 6	0.033 3	0.038 1
	180	0.012 1	0.015 1	0.018 1	0.021 2	0.025 2	0.030 2	0.035 3	0.040 3
	190	0.012 8	0.016 0	0.019 2	0.022 3	0.026 6	0.031 9	0.037 2	0.042 6
	200	0.013 4	0.016 8	0.020 2	0.023 5	0.028 0	0.033 6	0.039 2	0.044 8
	210	0.014 1	0.017 6	0.021 2	0.024 7	0.029 4	0.035 3	0.041 2	0.047 0
	220	0.014 8	0.018 5	0.022 2	0.025 9	0.030 8	0.037 0	0.043 1	0.049 3
5.6	230	0.015 5	0.019 3	0.023 2	0.027 0	0.032 2	0.038 6	0.045 1	0.051 5
	240	0.016 1	0.020 2	0.024 2	0.028 2	0.033 6	0.040 3	0.047 0	0.053 8
	250	0.016 8	0.021 0	0.025 2	0.029 4	0.035 0	0.042 0	0.049 0	0.056 0
	260	0.017 5	0.021 8	0.026 2	0.030 6	0.036 4	0.043 7	0.051 0	0.058 2
	270	0.018 1	0.022 7	0.027 2	0.031 8	0.037 8	0.045 4	0.052 9	0.060 5
	280	0.018 8	0.023 5	0.028 2	0.032 9	0.039 2	0.047 0	0.054 9	0.062 7
	290	0.019 5	0.024 4	0.029 2	0.034 1	0.040 6	0.048 7	0.056 8	0.065 0
	300	0.020 2	0.025 2	0.030 2	0.035 3	0.042 0	0.050 4	0.058 8	0.067 2

表 1　普 通 锯 材 材 积 表

材长/m	材宽/mm	45	50	60	70	80	90	100
	160	0.040 3	0.044 8	0.053 8	0.062 7	0.071 7	0.080 6	0.089 6
	170	0.042 8	0.047 6	0.057 1	0.066 6	0.076 2	0.085 7	0.095 2
	180	0.045 4	0.050 4	0.060 5	0.070 6	0.080 6	0.090 7	0.100 8
	190	0.047 9	0.053 2	0.063 8	0.074 5	0.085 1	0.095 8	0.106 4
	200	0.050 4	0.056 0	0.067 2	0.078 4	0.089 6	0.100 8	0.112 0
	210	0.052 9	0.058 8	0.070 6	0.082 3	0.094 1	0.105 8	0.117 6
	220	0.055 4	0.061 6	0.073 9	0.086 2	0.098 6	0.110 9	0.123 2
5.6	230	0.058 0	0.064 4	0.077 3	0.090 2	0.103 0	0.115 9	0.128 8
	240	0.060 5	0.067 2	0.080 6	0.094 1	0.107 5	0.121 0	0.134 4
	250	0.063 0	0.070 0	0.084 0	0.098 0	0.112 0	0.126 0	0.140 0
	260	0.065 5	0.072 8	0.087 4	0.101 9	0.116 5	0.131 0	0.145 6
	270	0.068 0	0.075 6	0.090 7	0.105 8	0.121 0	0.136 1	0.151 2
	280	0.070 6	0.078 4	0.094 1	0.109 8	0.125 4	0.141 1	0.156 8
	290	0.073 1	0.081 2	0.097 4	0.113 7	0.129 9	0.146 2	0.162 4
	300	0.075 6	0.084 0	0.100 8	0.117 6	0.134 4	0.151 2	0.168 0

表 1 普通锯材材积表　　　　　　　　　　　　续表

材长/m	材积/m³ 材厚/mm 材宽/mm	12	15	18	21	25	30	35	40
5.8	30	0.002 1	0.002 6	0.003 1	0.003 7	0.004 4	0.005 2	0.006 1	0.007 0
	40	0.002 8	0.003 5	0.004 2	0.004 9	0.005 8	0.007 0	0.008 1	0.009 3
	50	0.003 5	0.004 4	0.005 2	0.006 1	0.007 3	0.008 7	0.010 2	0.011 6
	60	0.004 2	0.005 2	0.006 3	0.007 3	0.008 7	0.010 4	0.012 2	0.013 9
	70	0.004 9	0.006 1	0.007 3	0.008 5	0.010 2	0.012 2	0.014 2	0.016 2
	80	0.005 6	0.007 0	0.008 4	0.009 7	0.011 6	0.013 9	0.016 2	0.018 6
	90	0.006 3	0.007 8	0.009 4	0.011 0	0.013 1	0.015 7	0.018 3	0.020 9
	100	0.007 0	0.008 7	0.010 4	0.012 2	0.014 5	0.017 4	0.020 3	0.023 2
	110	0.007 7	0.009 6	0.011 5	0.013 4	0.016 0	0.019 1	0.022 3	0.025 5
	120	0.008 4	0.010 4	0.012 5	0.014 6	0.017 4	0.020 9	0.024 4	0.027 8
	130	0.009 0	0.011 3	0.013 6	0.015 8	0.018 9	0.022 6	0.026 4	0.030 2
	140	0.009 7	0.012 2	0.014 6	0.017 1	0.020 3	0.024 4	0.028 4	0.032 5
	150	0.010 4	0.013 1	0.015 7	0.018 3	0.021 8	0.026 1	0.030 5	0.034 8

表 1 普通锯材材积表

材长/m	材宽/mm	材厚/mm 45	50	60	70	80	90	100
		材积/m³						
5.8	30	0.007 8	0.008 7	0.010 4	0.012 2	0.013 9	0.015 7	0.017 4
	40	0.010 4	0.011 6	0.013 9	0.016 2	0.018 6	0.020 9	0.023 2
	50	0.013 1	0.014 5	0.017 4	0.020 3	0.023 2	0.026 1	0.029 0
	60	0.015 7	0.017 4	0.020 9	0.024 4	0.027 8	0.031 3	0.034 8
	70	0.018 3	0.020 3	0.024 4	0.028 4	0.032 5	0.036 5	0.040 6
	80	0.020 9	0.023 2	0.027 8	0.032 5	0.037 1	0.041 8	0.046 4
	90	0.023 5	0.026 1	0.031 3	0.036 5	0.041 8	0.047 0	0.052 2
	100	0.026 1	0.029 0	0.034 8	0.040 6	0.046 4	0.052 2	0.058 0
	110	0.028 7	0.031 9	0.038 3	0.044 7	0.051 0	0.057 4	0.063 8
	120	0.031 3	0.034 8	0.041 8	0.048 7	0.055 7	0.062 6	0.069 6
	130	0.033 9	0.037 7	0.045 2	0.052 8	0.060 3	0.067 9	0.075 4
	140	0.036 5	0.040 6	0.048 7	0.056 8	0.065 0	0.073 1	0.081 2
	150	0.039 2	0.043 5	0.052 2	0.060 9	0.069 6	0.078 3	0.087 0

表 1　普 通 锯 材 材 积 表　　　　　续表

材长/m	材积/m³　材厚/mm　材宽/mm	12	15	18	21	25	30	35	40
5.8	160	0.011 1	0.013 9	0.016 7	0.019 5	0.023 2	0.027 8	0.032 5	0.037 1
	170	0.011 8	0.014 8	0.017 7	0.020 7	0.024 7	0.029 6	0.034 5	0.039 4
	180	0.012 5	0.015 7	0.018 8	0.021 9	0.026 1	0.031 3	0.036 5	0.041 8
	190	0.013 2	0.016 5	0.019 8	0.023 1	0.027 6	0.033 1	0.038 6	0.044 1
	200	0.013 9	0.017 4	0.020 9	0.024 4	0.029 0	0.034 8	0.040 6	0.046 4
	210	0.014 6	0.018 3	0.021 9	0.025 6	0.030 5	0.036 5	0.042 6	0.048 7
	220	0.015 3	0.019 1	0.023 0	0.026 8	0.031 9	0.038 3	0.044 7	0.051 0
	230	0.016 0	0.020 0	0.024 0	0.028 0	0.033 4	0.040 0	0.046 7	0.053 4
	240	0.016 7	0.020 9	0.025 1	0.029 2	0.034 8	0.041 8	0.048 7	0.055 7
	250	0.017 4	0.021 8	0.026 1	0.030 5	0.036 3	0.043 5	0.050 8	0.058 0
	260	0.018 1	0.022 6	0.027 1	0.031 7	0.037 7	0.045 2	0.052 8	0.060 3
	270	0.018 8	0.023 5	0.028 2	0.032 9	0.039 2	0.047 0	0.054 8	0.062 6
	280	0.019 5	0.024 4	0.029 2	0.034 1	0.040 6	0.048 7	0.056 8	0.065 0
	290	0.020 2	0.025 2	0.030 3	0.035 3	0.042 1	0.050 5	0.058 9	0.067 3
	300	0.020 9	0.026 1	0.031 3	0.036 5	0.043 5	0.052 2	0.060 9	0.069 6

表 1　普 通 锯 材 材 积 表

续表

材长/m	材宽/mm ＼ 材积/m³ ＼ 材厚/mm	45	50	60	70	80	90	100
5.8	160	0.041 8	0.046 4	0.055 7	0.065 0	0.074 2	0.083 5	0.092 8
	170	0.044 4	0.049 3	0.059 2	0.069 0	0.078 9	0.088 7	0.098 6
	180	0.047 0	0.052 2	0.062 6	0.073 1	0.083 5	0.094 0	0.104 4
	190	0.049 6	0.055 1	0.066 1	0.077 1	0.088 2	0.099 2	0.110 2
	200	0.052 2	0.058 0	0.069 6	0.081 2	0.092 8	0.104 4	0.116 0
	210	0.054 8	0.060 9	0.073 1	0.085 3	0.097 4	0.109 6	0.121 8
	220	0.057 4	0.063 8	0.076 6	0.089 3	0.102 1	0.114 8	0.127 6
	230	0.060 0	0.066 7	0.080 0	0.093 4	0.106 7	0.120 1	0.133 4
	240	0.062 6	0.069 6	0.083 5	0.097 4	0.111 4	0.125 3	0.139 2
	250	0.065 3	0.072 5	0.087 0	0.101 5	0.116 0	0.130 5	0.145 0
	260	0.067 9	0.075 4	0.090 5	0.105 6	0.120 6	0.135 7	0.150 8
	270	0.070 5	0.078 3	0.094 0	0.109 6	0.125 3	0.140 9	0.156 6
	280	0.073 1	0.081 2	0.097 4	0.113 7	0.129 9	0.146 2	0.162 4
	290	0.075 7	0.084 1	0.100 9	0.117 7	0.134 6	0.151 4	0.168 2
	300	0.078 3	0.087 0	0.104 4	0.121 8	0.139 2	0.156 6	0.174 0

表 1 普 通 锯 材 材 积 表 续表

材长/m	材宽/mm	12	15	18	21	25	30	35	40
	30	0.002 2	0.002 7	0.003 2	0.003 8	0.004 5	0.005 4	0.006 3	0.007 2
	40	0.002 9	0.003 6	0.004 3	0.005 0	0.006 0	0.007 2	0.008 4	0.009 6
	50	0.003 6	0.004 5	0.005 4	0.006 3	0.007 5	0.009 0	0.010 5	0.012 0
	60	0.004 3	0.005 4	0.006 5	0.007 6	0.009 0	0.010 8	0.012 6	0.014 4
	70	0.005 0	0.006 3	0.007 6	0.008 8	0.010 5	0.012 6	0.014 7	0.016 8
6.0	80	0.005 8	0.007 2	0.008 6	0.010 1	0.012 0	0.014 4	0.016 8	0.019 2
	90	0.006 5	0.008 1	0.009 7	0.011 3	0.013 5	0.016 2	0.018 9	0.021 6
	100	0.007 2	0.009 0	0.010 8	0.012 6	0.015 0	0.018 0	0.021 0	0.024 0
	110	0.007 9	0.009 9	0.011 9	0.013 9	0.016 5	0.019 8	0.023 1	0.026 4
	120	0.008 6	0.010 8	0.013 0	0.015 1	0.018 0	0.021 6	0.025 2	0.028 8
	130	0.009 4	0.011 7	0.014 0	0.016 4	0.019 5	0.023 4	0.027 3	0.031 2
	140	0.010 1	0.012 6	0.015 1	0.017 6	0.021 0	0.025 2	0.029 4	0.033 6
	150	0.010 8	0.013 5	0.016 2	0.018 9	0.022 5	0.027 0	0.031 5	0.036 0

材积/m³，材厚/mm

表 1　普通锯材材积表　　　　　　　　　　续表

材长/m	材积/m³　材厚/mm　材宽/mm	45	50	60	70	80	90	100
6.0	30	0.008 1	0.009 0	0.010 8	0.012 6	0.014 4	0.016 2	0.018 0
	40	0.010 8	0.012 0	0.014 4	0.016 8	0.019 2	0.021 6	0.024 0
	50	0.013 5	0.015 0	0.018 0	0.021 0	0.024 0	0.027 0	0.030 0
	60	0.016 2	0.018 0	0.021 6	0.025 2	0.028 8	0.032 4	0.036 0
	70	0.018 9	0.021 0	0.025 2	0.029 4	0.033 6	0.037 8	0.042 0
	80	0.021 6	0.024 0	0.028 8	0.033 6	0.038 4	0.043 2	0.048 0
	90	0.024 3	0.027 0	0.032 4	0.037 8	0.043 2	0.048 6	0.054 0
	100	0.027 0	0.030 0	0.036 0	0.042 0	0.048 0	0.054 0	0.060 0
	110	0.029 7	0.033 0	0.039 6	0.046 2	0.052 8	0.059 4	0.066 0
	120	0.032 4	0.036 0	0.043 2	0.050 4	0.057 6	0.064 8	0.072 0
	130	0.035 1	0.039 0	0.046 8	0.054 6	0.062 4	0.070 2	0.078 0
	140	0.037 8	0.042 0	0.050 4	0.058 8	0.067 2	0.075 6	0.084 0
	150	0.040 5	0.045 0	0.054 0	0.063 0	0.072 0	0.081 0	0.090 0

表 1 普 通 锯 材 材 积 表 　　　　　　续表

材长/m	材积/m³ 材厚/mm 材宽/mm	12	15	18	21	25	30	35	40
	160	0.011 5	0.014 4	0.017 3	0.020 2	0.024 0	0.028 8	0.033 6	0.038 4
	170	0.012 2	0.015 3	0.018 4	0.021 4	0.025 5	0.030 6	0.035 7	0.040 8
	180	0.013 0	0.016 2	0.019 4	0.022 7	0.027 0	0.032 4	0.037 8	0.043 2
	190	0.013 7	0.017 1	0.020 5	0.023 9	0.028 5	0.034 2	0.039 9	0.045 6
	200	0.014 4	0.018 0	0.021 6	0.025 2	0.030 0	0.036 0	0.042 0	0.048 0
	210	0.015 1	0.018 9	0.022 7	0.026 5	0.031 5	0.037 8	0.044 1	0.050 4
	220	0.015 8	0.019 8	0.023 8	0.027 7	0.033 0	0.039 6	0.046 2	0.052 8
6.0	230	0.016 6	0.020 7	0.024 8	0.029 0	0.034 5	0.041 4	0.048 3	0.055 2
	240	0.017 3	0.021 6	0.025 9	0.030 2	0.036 0	0.043 2	0.050 4	0.057 6
	250	0.018 0	0.022 5	0.027 0	0.031 5	0.037 5	0.045 0	0.052 5	0.060 0
	260	0.018 7	0.023 4	0.028 1	0.032 8	0.039 0	0.046 8	0.054 6	0.062 4
	270	0.019 4	0.024 3	0.029 2	0.034 0	0.040 5	0.048 6	0.056 7	0.064 8
	280	0.020 2	0.025 2	0.030 2	0.035 3	0.042 0	0.050 4	0.058 8	0.067 2
	290	0.020 9	0.026 1	0.031 3	0.036 5	0.043 5	0.052 2	0.060 9	0.069 6
	300	0.021 6	0.027 0	0.032 4	0.037 8	0.045 0	0.054 0	0.063 0	0.072 0

表 1 普通锯材材积表 续表

材长/m	材积/m³ 材厚/mm 材宽/mm	45	50	60	70	80	90	100
	160	0.043 2	0.048 0	0.057 6	0.067 2	0.076 8	0.086 4	0.096 0
	170	0.045 9	0.051 0	0.061 2	0.071 4	0.081 6	0.091 8	0.102 0
	180	0.048 6	0.054 0	0.064 8	0.075 6	0.086 4	0.097 2	0.108 0
	190	0.051 3	0.057 0	0.068 4	0.079 8	0.091 2	0.102 6	0.114 0
	200	0.054 0	0.060 0	0.072 0	0.084 0	0.096 0	0.108 0	0.120 0
	210	0.056 7	0.063 0	0.075 6	0.088 2	0.100 8	0.113 4	0.126 0
	220	0.059 4	0.066 0	0.079 2	0.092 4	0.105 6	0.118 8	0.132 0
6.0	230	0.062 1	0.069 0	0.082 8	0.096 6	0.110 4	0.124 2	0.138 0
	240	0.064 8	0.072 0	0.086 4	0.100 8	0.115 2	0.129 6	0.144 0
	250	0.067 5	0.075 0	0.090 0	0.105 0	0.120 0	0.135 0	0.150 0
	260	0.070 2	0.078 0	0.093 6	0.109 2	0.124 8	0.140 4	0.156 0
	270	0.072 9	0.081 0	0.097 2	0.113 4	0.129 6	0.145 8	0.162 0
	280	0.075 6	0.084 0	0.100 8	0.117 6	0.134 4	0.151 2	0.168 0
	290	0.078 3	0.087 0	0.104 4	0.121 8	0.139 2	0.156 6	0.174 0
	300	0.081 0	0.090 0	0.108 0	0.126 0	0.144 0	0.162 0	0.180 0

表2 枕木锯材材积表

材积/m³ 材长/m 宽×厚/mm	2.5	2.6	2.8	3.0	3.2	3.4	3.6
200×145	0.0725	—	—	—	—	—	—
200×220	—	—	—	0.1320	—	—	—
200×240	—	—	—	0.1440	—	—	—
220×160	0.0880	—	—	—	—	—	—
220×260	—	—	—	0.1716	—	—	—
220×280	—	—	—	—	0.1971	—	—
240×160	—	0.0998	0.1075	0.1152	0.1229	0.1306	0.1382
240×300	—	—	—	—	0.2304	0.2448	—

表2 枕木锯材材积表

材积/m³ 宽×厚/mm ＼ 材长/m	3.8	4.0	4.2	4.4	4.6	4.8
200×145	—	—	—	—	—	—
200×220	—	—	0.1848	—	—	0.2112
200×240	—	—	0.2016	—	—	0.2304
220×160	—	—	—	—	—	—
220×260	—	—	0.2402	—	—	0.2746
220×280	—	—	0.2587	—	—	0.2957
240×160	0.1459	0.1536	0.1613	0.1690	0.1766	0.1843
240×300	—	—	0.3024	—	—	0.3456

表 3　铁 路 货 车 锯 材 材 积 表

材积/m³　材厚/mm　材长/m　材宽/mm	3.0	5.0	6.0	2.5	5.0	6.0
	52.0			57.0		
120	0.018 7	0.031 2	0.037 4	0.017 1	0.034 2	0.041 0
130	0.020 3	0.033 8	0.040 6	0.018 5	0.037 1	0.044 5
140	0.021 8	0.036 4	0.043 7	0.020 0	0.039 9	0.047 9
150	0.023 4	0.039 0	0.046 8	0.021 4	0.042 8	0.051 3
160	0.025 0	0.041 6	0.049 9	0.022 8	0.045 6	0.054 7
170	0.026 5	0.044 2	0.053 0	0.024 2	0.048 5	0.058 1
180	0.028 1	0.046 8	0.056 2	0.025 7	0.051 3	0.061 6
190	0.029 6	0.049 4	0.059 3	0.027 1	0.054 2	0.065 0
200	0.031 2	0.052 0	0.062 4	0.028 5	0.057 0	0.068 4

表 3 铁路货车锯材材积表 续表

材积/m³ 材长/m 材厚/mm 材宽/mm	3.0	5.0	6.0	2.5	5.0	6.0
	52.0			57.0		
210	0.032 8	0.054 6	0.065 5	0.029 9	0.059 9	0.071 8
220	0.034 3	0.057 2	0.068 6	0.031 4	0.062 7	0.075 2
230	0.035 9	0.059 8	0.071 8	0.032 8	0.065 6	0.078 7
240	0.037 4	0.062 4	0.074 9	0.034 2	0.068 4	0.082 1
250	0.039 0	0.065 0	0.078 0	0.035 6	0.071 3	0.085 5
260	0.040 6	0.067 6	0.081 1	0.037 1	0.074 1	0.088 9
270	0.042 1	0.070 2	0.084 2	0.038 5	0.077 0	0.092 3
280	0.043 7	0.072 8	0.087 4	0.039 9	0.079 8	0.095 8
290	0.045 2	0.075 4	0.090 5	0.041 3	0.082 7	0.099 2
300	0.046 8	0.078 0	0.093 6	0.042 8	0.085 5	0.102 6

表 4 载重汽车锯材材积表

材长/m	材积/m³ 材厚/mm 材宽/mm	30	35	40	45	50	60	70	80
	80	0.006 0	0.007 0	0.008 0	0.009 0	0.010 0	0.012 0	0.014 0	0.016 0
	90	0.006 8	0.007 9	0.009 0	0.010 1	0.011 3	0.013 5	0.015 8	0.018 0
	120	0.009 0	0.010 5	0.012 0	0.013 5	0.015 0	0.018 0	0.021 0	0.024 0
	130	0.009 8	0.011 4	0.013 0	0.014 6	0.016 3	0.019 5	0.022 8	0.026 0
	140	0.010 5	0.012 3	0.014 0	0.015 8	0.017 5	0.021 0	0.024 5	0.028 0
	150	0.011 3	0.013 1	0.015 0	0.016 9	0.018 8	0.022 5	0.026 3	0.030 0
2.5	160	0.012 0	0.014 0	0.016 0	0.018 0	0.020 0	0.024 0	0.028 0	0.032 0
	170	0.012 8	0.014 9	0.017 0	0.019 1	0.021 3	0.025 5	0.029 8	0.034 0
	180	0.013 5	0.015 8	0.018 0	0.020 3	0.022 5	0.027 0	0.031 5	0.036 0
	200	0.015 0	0.017 5	0.020 0	0.022 5	0.025 0	0.030 0	0.035 0	0.040 0
	210	0.015 8	0.018 4	0.021 0	0.023 6	0.026 3	0.031 5	0.036 8	0.042 0
	220	0.016 5	0.019 3	0.022 2	0.024 8	0.027 5	0.033 0	0.038 5	0.044 0

表 4　载 重 汽 车 锯 材 材 积 表　　　　　　　续表

材长/m	材积/m³ 材厚/mm 材宽/mm	30	35	40	45	50	60	70	80
	80	0.007 2	0.008 4	0.009 6	0.010 8	0.012 0	0.014 4	0.016 8	0.019 2
	90	0.008 1	0.009 5	0.010 8	0.012 2	0.013 5	0.016 2	0.018 9	0.021 6
	120	0.010 8	0.012 6	0.014 4	0.016 2	0.018 0	0.021 6	0.025 2	0.028 8
	130	0.011 7	0.013 7	0.015 6	0.017 6	0.019 5	0.023 4	0.027 3	0.031 2
	140	0.012 6	0.014 7	0.016 8	0.018 9	0.021 0	0.025 2	0.029 4	0.033 6
	150	0.013 5	0.015 8	0.018 0	0.020 3	0.022 5	0.027 0	0.031 5	0.036 0
3.0	160	0.014 4	0.016 8	0.019 2	0.021 6	0.024 0	0.028 8	0.033 6	0.038 4
	170	0.015 3	0.017 9	0.020 4	0.023 0	0.025 5	0.030 6	0.035 7	0.040 8
	180	0.016 2	0.018 9	0.021 6	0.024 3	0.027 0	0.032 4	0.037 8	0.043 2
	200	0.018 0	0.021 0	0.024 0	0.027 0	0.030 0	0.036 0	0.042 0	0.048 0
	210	0.018 9	0.022 1	0.025 2	0.028 4	0.031 5	0.037 8	0.044 1	0.050 4
	220	0.019 8	0.023 1	0.026 4	0.029 7	0.033 0	0.039 6	0.046 2	0.052 8

表4 载重汽车锯材材积表

材长 /m	材积 /m³ 材宽 /mm \ 材厚 /mm	30	35	40	45	50	60	70	80
	80	0.008 2	0.009 5	0.010 9	0.012 2	0.013 6	0.016 3	0.019 0	0.021 8
	90	0.009 2	0.010 7	0.012 2	0.013 8	0.015 3	0.018 4	0.021 4	0.024 5
	120	0.012 2	0.014 3	0.016 3	0.018 4	0.020 4	0.024 5	0.028 6	0.032 6
	130	0.013 3	0.015 5	0.017 7	0.019 9	0.022 1	0.026 5	0.030 9	0.035 4
	140	0.014 3	0.016 7	0.019 0	0.021 4	0.023 8	0.028 6	0.033 3	0.038 1
	150	0.015 3	0.017 9	0.020 4	0.023 0	0.025 5	0.030 6	0.035 7	0.040 8
3.4	160	0.016 3	0.019 0	0.021 8	0.024 5	0.027 2	0.032 6	0.038 1	0.043 5
	170	0.017 3	0.020 2	0.023 1	0.026 0	0.028 9	0.034 7	0.040 5	0.046 2
	180	0.018 4	0.021 4	0.024 5	0.027 5	0.030 6	0.036 7	0.042 8	0.049 0
	200	0.020 4	0.023 8	0.027 2	0.030 6	0.034 0	0.040 8	0.047 6	0.054 4
	210	0.021 4	0.025 0	0.028 6	0.032 1	0.035 7	0.042 8	0.050 0	0.057 1
	220	0.022 4	0.026 2	0.029 9	0.033 7	0.037 4	0.044 9	0.052 4	0.059 8

表4 载重汽车锯材材积表

材长/m	材积/m³ 材厚/mm 材宽/mm	30	35	40	45	50	60	70	80
4.0	80	0.009 6	0.011 2	0.012 8	0.014 4	0.016 0	0.019 2	0.022 4	0.025 6
	90	0.010 8	0.012 6	0.014 4	0.016 2	0.018 0	0.021 6	0.025 2	0.028 8
	120	0.014 4	0.016 8	0.019 2	0.021 6	0.024 0	0.028 8	0.033 6	0.038 4
	130	0.015 6	0.018 2	0.020 8	0.023 4	0.026 0	0.031 2	0.036 4	0.041 6
	140	0.016 8	0.019 6	0.022 4	0.025 2	0.028 0	0.033 6	0.039 2	0.044 8
	150	0.018 0	0.021 0	0.024 0	0.027 0	0.030 0	0.036 0	0.042 0	0.048 0
	160	0.019 2	0.022 4	0.025 6	0.028 8	0.032 0	0.038 4	0.044 8	0.051 2
	170	0.020 4	0.023 8	0.027 2	0.030 6	0.034 0	0.040 8	0.047 6	0.054 4
	180	0.021 6	0.025 2	0.028 8	0.032 4	0.036 0	0.043 2	0.050 4	0.057 6
	200	0.024 0	0.028 0	0.032 0	0.036 0	0.040 0	0.048 0	0.056 0	0.064 0
	210	0.025 2	0.029 4	0.033 6	0.037 8	0.042 0	0.050 4	0.058 8	0.067 2
	220	0.026 4	0.030 8	0.035 2	0.039 6	0.044 0	0.052 8	0.061 6	0.070 4

表 4　载 重 汽 车 锯 材 材 积 表　　　　　　续表

材长 / m	材宽 /mm	材厚 /mm 材积 /m³ 30	35	40	45	50	60	70	80
4.4	80	0.010 6	0.012 3	0.014 1	0.015 8	0.017 6	0.021 1	0.024 6	0.028 2
	90	0.011 9	0.013 9	0.015 8	0.017 8	0.019 8	0.023 8	0.027 7	0.031 7
	120	0.015 8	0.018 5	0.021 1	0.023 8	0.026 4	0.031 7	0.037 0	0.042 2
	130	0.017 2	0.020 0	0.022 9	0.025 7	0.028 6	0.034 3	0.040 0	0.045 8
	140	0.018 5	0.021 6	0.024 6	0.027 7	0.030 8	0.037 0	0.043 1	0.049 3
	150	0.019 8	0.023 1	0.026 4	0.029 7	0.033 0	0.039 6	0.046 2	0.052 8
	160	0.021 1	0.024 6	0.028 2	0.031 7	0.035 2	0.042 2	0.049 3	0.056 3
	170	0.022 4	0.026 2	0.029 9	0.033 7	0.037 4	0.044 9	0.052 4	0.059 8
	180	0.023 8	0.027 7	0.031 7	0.035 6	0.039 6	0.047 5	0.055 4	0.063 4
	200	0.026 4	0.030 8	0.035 2	0.039 6	0.044 0	0.052 8	0.061 6	0.070 4
	210	0.027 7	0.032 3	0.037 0	0.041 6	0.046 2	0.055 4	0.064 7	0.073 9
	220	0.029 0	0.033 9	0.038 7	0.043 6	0.048 4	0.058 1	0.067 8	0.077 4

表4 载重汽车锯材材积表

续表

材长/m	材宽/mm ＼ 材厚/mm → / 材积/m³	30	35	40	45	50	60	70	80
5.0	80	0.012 0	0.014 0	0.016 0	0.018 0	0.020 0	0.024 0	0.028 0	0.032 0
	90	0.013 5	0.015 8	0.018 0	0.020 3	0.022 5	0.027 0	0.031 5	0.036 0
	120	0.018 0	0.021 0	0.024 0	0.027 0	0.030 0	0.036 0	0.042 0	0.048 0
	130	0.019 5	0.022 8	0.026 0	0.029 3	0.032 5	0.039 0	0.045 5	0.052 0
	140	0.021 0	0.024 5	0.028 0	0.031 5	0.035 0	0.042 0	0.049 0	0.056 0
	150	0.022 5	0.026 3	0.030 0	0.033 8	0.037 5	0.045 0	0.052 5	0.060 0
	160	0.024 0	0.028 0	0.032 0	0.036 0	0.040 0	0.048 0	0.056 0	0.064 0
	170	0.025 5	0.029 8	0.034 0	0.038 3	0.042 5	0.051 0	0.059 5	0.068 0
	180	0.027 0	0.031 5	0.036 0	0.040 5	0.045 0	0.054 0	0.063 0	0.072 0
	200	0.030 0	0.035 0	0.040 0	0.045 0	0.050 0	0.060 0	0.070 0	0.080 0
	210	0.031 5	0.036 8	0.042 0	0.047 3	0.052 5	0.063 0	0.073 5	0.084 0
	220	0.033 0	0.038 5	0.044 0	0.049 5	0.055 0	0.066 0	0.077 0	0.088 0

表 4 载重汽车锯材材积表

材长/m	材积/m³ 材宽/mm　材厚/mm	30	35	40	45	50	60	70	80
	80	0.013 0	0.015 1	0.017 3	0.019 4	0.021 6	0.025 9	0.030 2	0.034 6
	90	0.014 6	0.017 0	0.019 4	0.021 9	0.024 3	0.029 2	0.034 0	0.038 9
	120	0.019 4	0.022 7	0.025 9	0.029 2	0.032 4	0.038 9	0.045 4	0.051 8
	130	0.021 1	0.024 6	0.028 1	0.031 6	0.035 1	0.042 1	0.049 1	0.056 2
	140	0.022 7	0.026 5	0.030 2	0.034 0	0.037 8	0.045 4	0.052 9	0.060 5
	150	0.024 3	0.028 4	0.032 4	0.036 5	0.040 5	0.048 6	0.056 7	0.064 8
5.4	160	0.025 9	0.030 2	0.034 6	0.038 9	0.043 2	0.051 8	0.060 5	0.069 1
	170	0.027 5	0.032 1	0.036 7	0.041 3	0.045 9	0.055 1	0.064 3	0.073 4
	180	0.029 2	0.034 0	0.038 9	0.043 7	0.048 6	0.058 3	0.068 0	0.077 8
	200	0.032 4	0.037 8	0.043 2	0.048 6	0.054 0	0.064 8	0.075 6	0.086 4
	210	0.034 0	0.039 7	0.045 4	0.051 0	0.056 7	0.068 0	0.079 4	0.090 7
	220	0.035 6	0.041 6	0.047 5	0.053 5	0.059 4	0.071 3	0.083 2	0.095 0

表 4　载 重 汽 车 锯 材 材 积 表　　　　　续表

材长/m	材宽/mm	材厚/mm 30	35	40	45	50	60	70	80
6.0	80	0.014 4	0.016 8	0.019 2	0.021 6	0.024 0	0.028 8	0.033 6	0.038 4
	90	0.016 2	0.018 9	0.021 6	0.024 3	0.027 0	0.032 4	0.037 8	0.043 2
	120	0.021 6	0.025 2	0.028 8	0.032 4	0.036 0	0.043 2	0.050 4	0.057 6
	130	0.023 4	0.027 3	0.031 2	0.035 1	0.039 0	0.046 8	0.054 6	0.062 4
	140	0.025 2	0.029 4	0.033 6	0.037 8	0.042 0	0.050 4	0.058 8	0.067 2
	150	0.027 0	0.031 5	0.036 0	0.040 5	0.045 0	0.054 0	0.063 0	0.072 0
	160	0.028 8	0.033 6	0.038 4	0.043 2	0.048 0	0.057 6	0.067 2	0.076 8
	170	0.030 6	0.035 7	0.040 8	0.045 9	0.051 0	0.061 2	0.071 4	0.081 6
	180	0.032 4	0.037 8	0.043 2	0.048 6	0.054 0	0.064 8	0.075 6	0.086 4
	200	0.036 0	0.042 0	0.048 0	0.054 0	0.060 0	0.072 0	0.084 0	0.096 0
	210	0.037 8	0.044 1	0.050 4	0.056 7	0.063 0	0.075 6	0.088 2	0.100 8
	220	0.039 6	0.046 2	0.052 8	0.059 4	0.066 0	0.079 2	0.092 4	0.105 6

表 5 罐 道 木 和 机 台 木 材 积 表

材积 /m³ 宽×厚 /mm 材长/m	210×210	220×220	230×230	240×240	250×250	260×260
4.0	0.176	0.194	0.212	0.230	0.250	0.270
4.5	0.198	0.218	0.238	0.259	0.281	0.304
5.0	0.221	0.242	0.265	0.288	0.313	0.338
5.2	0.229	0.252	0.275	0.300	0.325	0.352
5.4	0.238	0.261	0.286	0.311	0.338	0.365
5.5	0.243	0.266	0.291	0.317	0.344	0.372
5.6	0.247	0.271	0.296	0.323	0.350	0.379
5.8	0.256	0.281	0.307	0.334	0.363	0.392
6.0	0.265	0.290	0.317	0.346	0.375	0.406
6.2	0.273	0.300	0.328	0.357	0.388	0.419
6.4	0.282	0.310	0.339	0.369	0.400	0.433
6.5	0.287	0.315	0.344	0.374	0.406	0.439

表5　罐道木和机台木材积表　　　　　　　续表

材积/m³ 材长/m	宽×厚/mm 270×270	280×280	290×290	300×300	310×310	320×320
4.0	0.292	0.314	0.336	0.360	0.384	0.410
4.5	0.328	0.353	0.378	0.405	0.432	0.461
5.0	0.365	0.392	0.421	0.450	0.481	0.512
5.2	0.379	0.408	0.437	0.468	0.500	0.532
5.4	0.394	0.423	0.454	0.486	0.519	0.553
5.5	0.401	0.431	0.463	0.495	0.529	0.563
5.6	0.408	0.439	0.471	0.504	0.538	0.573
5.8	0.423	0.455	0.488	0.522	0.557	0.594
6.0	0.437	0.470	0.505	0.540	0.577	0.614
6.2	0.452	0.486	0.521	0.558	0.596	0.635
6.4	0.467	0.502	0.538	0.576	0.615	0.655
6.5	0.474	0.510	0.547	0.585	0.625	0.666

表5　罐 道 木 和 机 台 木 材 积 表

材积 /m³ 　　宽×厚 /mm　 材长/m	210×210	220×220	230×230	240×240	250×250	260×260
6.6	0.291	0.319	0.349	0.380	0.413	0.446
6.8	0.300	0.329	0.360	0.392	0.425	0.460
7.0	0.309	0.339	0.370	0.403	0.438	0.473
7.2	0.318	0.348	0.381	0.415	0.450	0.487
7.4	0.326	0.358	0.391	0.426	0.463	0.500
7.5	0.331	0.363	0.397	0.432	0.469	0.507
7.6	0.335	0.368	0.402	0.438	0.475	0.514
7.8	0.344	0.378	0.413	0.449	0.488	0.527
8.0	0.353	0.387	0.423	0.461	0.500	0.541

表5 罐道木和机台木材积表

续表

材积/m³ 材长/m \ 宽×厚/mm	270×270	280×280	290×290	300×300	310×310	320×320
6.6	0.481	0.517	0.555	0.594	0.634	0.676
6.8	0.496	0.533	0.572	0.612	0.653	0.696
7.0	0.510	0.549	0.589	0.630	0.673	0.717
7.2	0.525	0.564	0.606	0.648	0.692	0.737
7.4	0.539	0.580	0.622	0.666	0.711	0.758
7.5	0.547	0.588	0.631	0.675	0.721	0.768
7.6	0.554	0.596	0.639	0.684	0.730	0.778
7.8	0.569	0.612	0.656	0.702	0.750	0.799
8.0	0.583	0.627	0.673	0.720	0.769	0.819

表6 部分方材材积表

材积/m³ 宽×厚/mm 材长/m	25×20	25×25	35×50	35×60	45×60
0.3	0.000 15	0.000 19	0.000 53	0.000 63	0.000 81
0.4	0.000 20	0.000 25	0.000 70	0.000 84	0.001 08
0.5	0.000 25	0.000 31	0.000 88	0.001 05	0.001 35
0.6	0.000 30	0.000 38	0.001 05	0.001 26	0.001 62
0.7	0.000 35	0.000 44	0.001 23	0.001 47	0.001 89
0.8	0.000 40	0.000 50	0.001 40	0.001 68	0.002 16
0.9	0.000 45	0.000 56	0.001 58	0.001 89	0.002 43
1.0	0.000 50	0.000 63	0.001 75	0.002 10	0.002 70
1.1	0.000 55	0.000 69	0.001 93	0.002 31	0.002 97
1.2	0.000 60	0.000 75	0.002 10	0.002 52	0.003 24
1.3	0.000 65	0.000 81	0.002 28	0.002 73	0.003 51
1.4	0.000 70	0.000 88	0.002 45	0.002 94	0.003 78
1.5	0.000 75	0.000 94	0.002 63	0.003 15	0.004 05

表6 部分方材材积表

材积/m³ 宽×厚/mm 材长/m	45×70	45×80	60×110	100×55	
0.3	0.000 95	0.001 08	0.001 98	0.001 65	
0.4	0.001 26	0.001 44	0.002 64	0.002 20	
0.5	0.001 58	0.001 80	0.003 30	0.002 75	
0.6	0.001 89	0.002 16	0.003 96	0.003 30	
0.7	0.002 21	0.002 52	0.004 62	0.003 85	
0.8	0.002 52	0.002 88	0.005 28	0.004 40	
0.9	0.002 84	0.003 24	0.005 94	0.004 95	
1.0	0.003 15	0.003 60	0.006 60	0.005 50	
1.1	0.003 47	0.003 96	0.007 26	0.006 05	
1.2	0.003 78	0.004 32	0.007 92	0.006 60	
1.3	0.004 10	0.004 68	0.008 58	0.007 15	
1.4	0.004 41	0.005 04	0.009 24	0.007 70	
1.5	0.004 73	0.005 40	0.009 90	0.008 25	

表 6　部 分 方 材 材 积 表　　　　　　　

材积/m³　宽×厚/mm　　材长/m	25×20	25×25	35×50	35×60	45×60
1.6	0.000 80	0.001 00	0.002 80	0.003 36	0.004 32
1.7	0.000 85	0.001 06	0.002 98	0.003 57	0.004 59
1.8	0.000 90	0.001 13	0.003 15	0.003 78	0.004 86
1.9	0.000 95	0.001 19	0.003 33	0.003 99	0.005 13
2.0	0.001 0	0.001 3	0.003 5	0.004 2	0.005 4
2.2	0.001 1	0.001 4	0.003 9	0.004 6	0.005 9
2.4	0.001 2	0.001 5	0.004 2	0.005 0	0.006 5
2.5	0.001 3	0.001 6	0.004 4	0.005 3	0.006 8
2.6	0.001 3	0.001 6	0.004 6	0.005 5	0.007 0
2.8	0.001 4	0.001 8	0.004 9	0.005 9	0.007 6
3.0	0.001 5	0.001 9	0.005 3	0.006 3	0.008 1
3.2	0.001 6	0.002 0	0.005 6	0.006 7	0.008 6
3.4	0.001 7	0.002 1	0.006 0	0.007 1	0.009 2
3.6	0.001 8	0.002 3	0.006 3	0.007 6	0.009 7
3.8	0.001 9	0.002 4	0.006 7	0.008 0	0.010 3

表6 部分方材材积表

材积 /m³　宽×厚 /mm 材长/m	45×70	45×80	60×110	100×55	
1.6	0.005 04	0.005 76	0.010 56	0.008 80	
1.7	0.005 36	0.006 12	0.011 22	0.009 35	
1.8	0.005 67	0.006 48	0.011 88	0.009 90	
1.9	0.005 99	0.006 84	0.012 54	0.010 45	
2.0	0.006 3	0.007 2	0.013 2	0.011 0	
2.2	0.006 9	0.007 9	0.014 5	0.012 1	
2.4	0.007 6	0.008 6	0.015 8	0.013 2	
2.5	0.007 9	0.009 0	0.016 5	0.013 8	
2.6	0.008 2	0.009 4	0.017 2	0.014 3	
2.8	0.008 8	0.010 1	0.018 5	0.015 4	
3.0	0.009 5	0.010 8	0.019 8	0.016 5	
3.2	0.010 1	0.011 5	0.021 1	0.017 6	
3.4	0.010 7	0.012 2	0.022 4	0.018 7	
3.6	0.011 3	0.013 0	0.023 8	0.019 8	
3.8	0.012 0	0.013 7	0.025 1	0.020 9	

表 6　部 分 方 材 材 积 表

材积/m³　宽×厚/mm　材长/m	25×20	25×25	35×50	35×60	45×60
4.0	0.002 0	0.002 5	0.007 0	0.008 4	0.010 8
4.2	0.002 1	0.002 6	0.007 4	0.008 8	0.011 3
4.4	0.002 2	0.002 8	0.007 7	0.009 2	0.011 9
4.6	0.002 3	0.002 9	0.008 1	0.009 7	0.012 4
4.8	0.002 4	0.003 0	0.008 4	0.010 1	0.013 0
5.0	0.002 5	0.003 1	0.008 8	0.010 5	0.013 5
5.2	0.002 6	0.003 3	0.009 1	0.010 9	0.014 0
5.4	0.002 7	0.003 4	0.009 5	0.011 3	0.014 6
5.6	0.002 8	0.003 5	0.009 8	0.011 8	0.015 1
5.8	0.002 9	0.003 6	0.010 2	0.012 2	0.015 7
6.0	0.003 0	0.003 8	0.010 5	0.012 6	0.016 2
6.2	0.003 1	0.003 9	0.010 9	0.013 0	0.016 7
6.4	0.003 2	0.004 0	0.011 2	0.013 4	0.017 3
6.6	0.003 3	0.004 1	0.011 6	0.013 9	0.017 8
6.8	0.003 4	0.004 3	0.011 9	0.014 3	0.018 4

表6 部分方材材积表 续表

材积/m³ 宽×厚/mm 材长/m	45×70	45×80	60×110	100×55	
4.0	0.012 6	0.014 4	0.026 4	0.022 0	
4.2	0.013 2	0.015 1	0.027 7	0.023 1	
4.4	0.013 9	0.015 8	0.029 0	0.024 2	
4.6	0.014 5	0.016 6	0.030 4	0.025 3	
4.8	0.015 1	0.017 3	0.031 7	0.026 4	
5.0	0.015 8	0.018 0	0.033 0	0.027 5	
5.2	0.016 4	0.018 7	0.034 3	0.028 6	
5.4	0.017 0	0.019 4	0.035 6	0.029 7	
5.6	0.017 6	0.020 2	0.037 0	0.030 8	
5.8	0.018 3	0.020 9	0.038 3	0.031 9	
6.0	0.018 9	0.021 6	0.039 6	0.033 0	
6.2	0.019 5	0.022 3	0.040 9	0.034 1	
6.4	0.020 2	0.023 0	0.042 2	0.035 2	
6.6	0.020 8	0.023 8	0.043 6	0.036 3	
6.8	0.021 4	0.024 5	0.044 9	0.037 4	

表 6 部 分 方 材 材 积 表　　　　　　续表

材积/m³　宽×厚/mm　材长/m	25×20	25×25	35×50	35×60	45×60
7.0	0.003 5	0.004 4	0.012 3	0.014 7	0.018 9
7.2	0.003 6	0.004 5	0.012 6	0.015 1	0.019 4
7.4	0.003 7	0.004 6	0.013 0	0.015 5	0.020 0
7.6	0.003 8	0.004 8	0.013 3	0.016 0	0.020 5
7.8	0.003 9	0.004 9	0.013 7	0.016 4	0.021 1
8.0	0.004 0	0.005 0	0.014 0	0.016 8	0.021 6

表6 部分方材材积表

材积/m³ 宽×厚/mm 材长/m	45×70	45×80	60×110	100×55	
7.0	0.022 1	0.025 2	0.046 2	0.038 5	
7.2	0.022 7	0.025 9	0.047 5	0.039 6	
7.4	0.023 3	0.026 6	0.048 8	0.040 7	
7.6	0.023 9	0.027 4	0.050 2	0.041 8	
7.8	0.024 6	0.028 1	0.050 2	0.042 9	
8.0	0.025 2	0.028 8	0.052 8	0.044 0	

杉木人工林二元立木材积表

本表适用于福建省杉木人工林的立木材积查定，可供南方各省参考使用。

杉木人工林二元立木材积按下式计算：

$$V = 0.0\,000\,872 D^{1.785\,388\,607} H^{0.931\,392\,369\,7}$$

式中：V——材积，m^3；

D——胸高（1.3m 处）直径，cm；

H——树高，m。

杉木人工林二元立木材积表

材积/m³ 树高/m 胸径/cm	2	3	4	5	6	7	8
4	0.0020	0.0030	0.0039	0.0046	0.0055	0.0063	
6		0.0059	0.0078	0.0096	0.0113	0.0131	0.0148
8		0.0099	0.0130	0.0160	0.0190	0.0219	0.0248
10			0.0193	0.0238	0.0282	0.0326	0.0369
12				0.0330	0.0391	0.0451	0.0511
14					0.0515	0.0594	0.0673
16						0.0754	0.0854
18							0.1054
20							

杉木人工林二元立木材积表 续表

材积/m³ \ 树高/m 胸径/cm	9	10	11	12	13	14	15
4							
6	0.0165						
8	0.0276	0.0305	0.0333				
10	0.0412	0.0454	0.0496	0.0538	0.0580		
12	0.0570	0.0629	0.0687	0.0745	0.0803	0.0861	0.0918
14	0.0751	0.0828	0.0905	0.0982	0.1058	0.1133	0.1208
16	0.0953	0.1051	0.1149	0.1246	0.1342	0.1438	0.1534
18	0.1176	0.1297	0.1418	0.1537	0.1656	0.1775	0.1893
20	0.1420	0.1566	0.1711	0.1856	0.1999	0.2142	0.2284

杉木人工林二元立木材积表

材积/m³ \ 树高/m \ 胸径/cm	16	17	18	19	20	21	22
4							
6							
8							
10							
12							
14	0.1283	0.1358					
16	0.1629	0.1723	0.1818	0.1911			
18	0.2010	0.2127	0.2243	0.2359	0.2474		
20	0.2426	0.2567	0.2707	0.2847	0.2986	0.3125	

杉木人工林二元立木材积表　　　　　　　　　　　　续表

材积/m³　树高/m　胸径/cm	9	10	11	12	13	14	15
22	0.1683	0.1856	0.2029	0.2200	0.2370	0.2540	0.2708
24			0.2370	0.2570	0.2769	0.2966	0.3163
26				0.2964	0.3194	0.3422	0.3649
28					0.3646	0.3906	0.4165
30							0.4711
32							
34							
36							
38							
40							

杉木人工林二元立木材积表

材积/m³ 树高/m 胸径/cm	16	17	18	19	20	21	22
22	0.2876	0.3043	0.3209	0.3375	0.3540	0.3705	
24	0.3359	0.3554	0.3749	0.3942	0.4135	0.4328	0.4519
26	0.3875	0.4100	0.4325	0.4548	0.4771	0.4992	0.5213
28	0.4424	0.4680	0.4936	0.5191	0.5445	0.5699	0.5951
30	0.5003	0.5294	0.5583	0.5872	0.6159	0.6446	0.6731
32	0.5614	0.5941	0.6265	0.6589	0.6911	0.7233	0.7553
34	0.6256	0.6620	0.6982	0.7342	0.7701	0.8060	0.8416
36		0.7331	0.7732	0.8131	0.8529	0.8925	0.9321
38			0.8515	0.8955	0.9393	0.9830	1.0265
40				0.9814	1.0294	1.0773	1.1250

杉木人工林二元立木材积表

材积/m³ \ 树高/m \ 胸径/cm	23	24	25	26	27	28	29
22							
24							
26	0.5434						
28	0.6202	0.6453					
30	0.7015	0.7299					
32	0.7872	0.8191					
34	0.8772	0.9127					
36	0.9715	1.0107	1.0499				
38	1.0699	1.1132	1.1563	1.1993			
40	1.1725	1.2199	1.2672	1.3144	1.3614	1.4083	

马尾松人工林二元立木材积表

本表适用于福建省马尾松人工林的立木材积查定，可供南方各省参考使用。

马尾松人工林二元立木材积按下式计算：

$$V = 0.000\,094\,294\,1 D^{1.832\,228\,553} H^{0.819\,725\,554\,9}$$

式中：V——材积，m^3；

　　　D——胸高（1.3m 处）直径，cm；

　　　H——树高，m。

马尾松人工林二元立木材积表

材积 /m³ 树高 /m 胸径/cm	3	4	5	6	7	8	9
4	0.0029	0.0037	0.0045	0.0052	0.0059		
6	0.0062	0.0078	0.0094	0.0109	0.0124	0.0138	0.0152
8		0.0133	0.0159	0.0185	0.0210	0.0234	0.0258
10		0.0200	0.0240	0.0278	0.0316	0.0352	0.0388
12			0.0335	0.0389	0.0441	0.0492	0.0542
14				0.0516	0.0585	0.0653	0.0719
16					0.0747	0.0834	0.0918
18					0.0927	0.1034	0.1139
20						0.1255	0.1382

马尾松人工林二元立木材积表

材积/m³ \ 树高/m 胸径/cm	10	11	12	13	14	15	16
4							
6	0.0166						
8	0.0281	0.0304	0.0326	0.0349			
10	0.0423	0.0457	0.0491	0.0525	0.0557	0.0590	0.0622
12	0.0591	0.0639	0.0686	0.0733	0.0779	0.0824	0.0869
14	0.0784	0.0847	0.0910	0.0972	0.1033	0.1093	0.1152
16	0.1001	0.1082	0.1162	0.1241	0.1319	0.1396	0.1471
18	0.1242	0.1343	0.1442	0.1540	0.1637	0.1732	0.1826
20	0.1507	0.1629	0.1749	0.1868	0.1985	0.2101	0.2215

马尾松人工林二元立木材积表 续表

材积/m³ 树高/m 胸径/cm	17	18	19	20	21	22	23
4							
6							
8							
10							
12	0.0913						
14	0.1211	0.1269					
16	0.1546	0.1621	0.1694				
18	0.1919	0.2011	0.2102	0.2192			
20	0.2328	0.2439	0.2550	0.2659	0.2768		

301

材积/m³　树高/m　　胸径/cm	10	11	12	13	14	15	16
22	0.1794	0.1940	0.2083	0.2224	0.2364	0.2501	0.2637
24	0.2104	0.2275	0.2443	0.2609	0.2772	0.2934	0.3093
26		0.2634	0.2829	0.3021	0.3210	0.3397	0.3582
28		0.3241	0.3460	0.3677	0.3891	0.4103	
30				0.3927	0.4173	0.4415	0.4655
32					0.4696	0.4970	0.5240
34						0.5554	0.5855
36						0.6167	0.6502
38							0.7179
40							

马尾松人工林二元立木材积表

材积/m³ 树高/m 胸径/cm	17	18	19	20	21	22	23
22	0.2772	0.2905	0.3036	0.3167	0.3296	0.3424	
24	0.3251	0.3407	0.3561	0.3714	0.3865	0.4016	0.4165
26	0.3764	0.3945	0.4123	0.4301	0.4476	0.4650	0.4823
28	0.4312	0.4518	0.4723	0.4926	0.5127	0.5326	0.5524
30	0.4893	0.5127	0.5360	0.5590	0.5818	0.6044	0.6268
32	0.5507	0.5771	0.6032	0.6291	0.6548	0.6803	0.7055
34	0.6154	0.6449	0.6741	0.7030	0.7317	0.7602	0.7884
36	0.6833	0.7161	0.7485	0.7807	0.8125	0.8441	0.8754
38	0.7545	0.7906	0.8265	0.8620	0.8971	0.9320	0.9666
40		0.8686	0.9079	0.9469	0.9855	1.0238	1.0618

马尾松人工林二元立木材积表

材积/m³　树高/m　胸径/cm	24	25	26	27	28	29	30
22							
24	0.4313						
26	0.4994	0.5164	0.5332				
28	0.5720	0.5915	0.6108	0.6300			
30	0.6491	0.6712	0.6931	0.7149	0.7365		
32	0.7306	0.7554	0.7801	0.8046	0.8289		
34	0.8164	0.8442	0.8717	0.8991	0.9202		
36	0.9065	0.9374	0.9680	0.9984	1.0286		
38	1.0009	1.0350	1.0688	1.1024	1.1357	1.1689	
40	1.0995	1.1370	1.1741	1.2110	1.2476	1.2840	1.3202

沿海木麻黄二元立木材积表

本表适用于福建省沿海木麻黄的立木材积查定，可供南方各省参考使用。

沿海木麻黄二元立木材积按下式计算：

$$V = 0.000\ 065\ 504 D^{1.802\ 326} H^{0.977\ 007}$$

式中：V——材积，m^3；

D——胸高（1.3m 处）直径，cm；

H——树高，m。

沿海木麻黄二元立木材积表

材积/m³ 胸径/cm ＼ 树高/m	3	4	5	6	7	8	9
4	0.0023	0.0031	0.0038	0.0046	0.0053	0.0061	0.0068
6			0.0080	0.0095	0.0111	0.0126	0.0142
8			0.0160	0.0186	0.0212	0.0238
10					0.0278	0.0317	0.0356
12							0.0494
14							
16							
18							
20							

沿海木麻黄二元立木材积表 续表

材积/m³ 树高/m 胸径/cm	10	11	12	13	14	15	16
4							
6	0.0157	0.0172	0.0188	0.0203			
8	0.0264	0.0289	0.0315	0.0341	0.0366	0.0392	0.0417
10	0.0394	0.0433	0.0471	0.0509	0.0547	0.0586	0.0624
12	0.0547	0.0601	0.0654	0.0707	0.0760	0.0813	0.0866
14	0.0723	0.0793	0.0864	0.0934	0.1004	0.1074	0.1144
16			0.1099	0.1188	0.1277	0.1366	0.1455
18			0.1358	0.1469	0.1579	0.1689	0.1799
20			0.1776	0.1910	0.2043	0.2176	

沿海木麻黄二元立木材积表

材积/m³ 树高/m 胸径/cm	17	18	19	20	21	22	23
4							
6							
8	0.0443						
10	0.0662						
12	0.0919	0.0972	0.1025	0.1078			
14	0.1214	0.1283	0.1353	0.1423	0.1492	0.1561	
16	0.1544	0.1633	0.1721	0.1810	0.1898	0.1986	0.2074
18	0.1909	0.2019	0.2128	0.2238	0.2347	0.2456	0.2565
20	0.2308	0.2441	0.2573	0.2706	0.2838	0.2970	0.3101

沿海木麻黄二元立木材积表

材积/m³ 树高/m 胸径/cm	14	15	16	17	18	19	20
22	0.2267	0.2425	0.2583	0.2741	0.2898	0.3056	0.3213
24			0.3022	0.3206	0.3391	0.3574	0.3758
26			0.3491	0.3704	0.3917	0.4129	0.4341
28				0.4233	0.4476	0.4719	0.4962
30					0.5069	0.5344	0.5619

沿海木麻黄二元立木材积表

材积/m³ 树高/m 胸径/cm	21	22	23	24	25	26	27
22	0.3370	0.3526	0.3683	0.3839			
24	0.3942	0.4125	0.4308	0.4491			
25	0.4553	0.4765	0.4977	0.5188	0.5399		
28	0.5204	0.5446	0.5688	0.5929	0.6170		
30	0.5893	0.6167	0.6441	0.6714	0.6987	0.7260	0.7533